Leitfaden
für den Hebammenunterricht.

Auf Grund des Preußischen
Hebammenlehrbuches für Ärzte, Medizinalbeamte,
Hebammenlehrer und Hebammen

zusammengestellt

von

Dr. Friedrich Kirstein,
Assistenzarzt der Königlichen Universitäts-Frauenklinik in Göttingen.

Berlin.
Verlag von Julius Springer.
1912.

ISBN-13: 978-3-642-98500-3   e-ISBN-13: 978-3-642-99314-5
DOI: 10.1007/978-3-642-99314-5

Softcover reprint of the hardcover 1st edition 1912

Vorwort.

Dieses Buch ist entstanden im Anschluß an den von mir er=
teilten Hebammenunterricht. Es soll das Wesentliche vom Inhalt
des Preußischen Hebammenlehrbuches in möglichster Kürze und leich=
tester Übersichtlichkeit so wiedergeben, daß es als „Kenntnisse der
Hebamme" gelten kann, welche sie zu ihrem Examen unbedingt braucht.
Darüber hinaus ist natürlich noch vieles wichtig und wissenswert,
was der Hebammenlehrer seine Schülerinnen lehren muß, um ein
tatsächliches Verstehen des Stoffes bei ihnen zu erzielen. Was außer
dem „Gerippe" den Hebammenschülerinnen geboten werden muß, ist
schließlich Sache jedes einzelnen Hebammenlehrers und macht letzten
Endes den eigentlichen Wert seines Unterrichtes aus.

Da nur die Darstellung des „Gerippes" beabsichtigt ist, hält sich
das Buch in Einteilung und Inhalt streng an das Preußische Hebammenlehrbuch und bemüht sich, durch zahlreiche Seitenverweise auf
korrespondierende Stellen die Übersicht zu erleichtern. Es eignet sich
daher für den Arzt, der sich in Kürze über das im Lehrbuch Ge=
botene und Geforderte einen Überblick verschaffen will; für den
Medizinalbeamten, der in seinen Prüfungen den notwendigsten Wissens=
bestand der Hebammen erkennen soll; für den Hebammenlehrer, der
eine kurze Inhaltsangabe und für den Unterricht zweckmäßige Einteilung
des Lehrbuchstoffes wünscht; und endlich nicht zum mindesten für
Hebammen, die in dem Büchlein eine vorteilhafte Anleitung zum
Wiederholen des Gelernten sehen werden.

Einer Anregung des Herrn Verlegers folgend, will ich hier eine
Anzahl von Lehrmitteln angeben, was für manchen Hebammenlehrer
gewiß eine erwünschte Auskunft und Anregung zur Anschaffung dieser
so notwendigen Hülfsmittel bedeutet. Vorausgeschickt muß freilich
werden, daß Wandtafel und Kreide in verschiedenen Farben durch
die schönsten Modelle und Abbildungen ebensowenig ersetzt werden
können, wie die Demonstration an der lebenden Frau, an den Leichen
Neugeborener und, wenn es irgend angängig ist, Erwachsener.

Ein vollständiges Verzeichnis der vorhandenen anatomischen
Wandtafeln findet sich in dem „Schulwart=Katalog" Seite 319 ff.,
den jede Buchhandlung besitzt, auf alle Fälle aber leicht beschaffen
kann. Ich will hier nur das mir aus eigener Anschauung bekannte

und im Unterricht Erprobte aufführen: Die vortrefflichen geburts-
hülflichen und gynäkologischen Tafeln von B. S. Schultze, Jena, die
jede Buchhandlung besorgt, dürften allgemein bekannt sein, desgleichen
Eschners anatomische Wandtafeln (Leipziger Schulbilderverlag von
F. E. Wachsmuth, Leipzig), zu denen ein besonderer Kommentar
von Eschner erschienen ist: „Bau und Pflege des menschlichen Körpers."
Wohl noch größtenteils unbekannt und wenig verbreitet ist dagegen
der „Edinburgsche stereoskopisch-geburtshülfliche Atlas", zu beziehen
durch A. E. Foote, Paris, 38 Rue du Louvre. Die stereoskopischen
Bilder dieser Sammlung sind vorzügliche Photographien geburts-
hülflicher und gynäkologischer Präparate und wirken außerordentlich
plastisch; höchstens ist zu bedauern, daß sie nicht deutschen Ursprungs
sind. Es ist nicht ganz leicht, statt der ganzen, für den Hebammenunterricht nicht vollständig nötigen Bilderreihe nur eine passende
Auswahl zu erhalten. Der Göttinger Frauenklinik ist es jedoch mit
Hülfe einiger „Streitschriften" gelungen.

Einen ähnlichen für die Unterweisung der Hebammen recht ge-
eigneten Atlas besitzen wir in der „Sammlung stereoskopischer Auf-
nahmen als Behelf für den theoretisch-praktischen Unterricht in der
Geburtshülfe" von Knapp (Verlag von Seitz & Schauer, München).
Zur Anschaffung für jede Hebamme selber werden lobend empfohlen:
„16 Tafeln praktischer Anatomie für Hebammen und Hebammenschülerinnen zum Gebrauche beim Unterricht in den Lehranstalten und
zur Repetition" von Dr. Ulrich, Erfurt (Preis 2 M.). Es handelt
sich hierbei um schematische und deshalb leicht verständliche Zeichnungen,
die zudem in einem Textbuch ihre erläuternde Erklärung finden.

Wer anatomische Modelle aus Wachs oder Papiermaché, natür-
liche Knochenpräparate und Phantome kaufen will, lasse sich von
Benninghoven & Sommer (Berlin NW 21, Turmstr. 19) und
vom medizinischen Warenhaus (Berlin NW 6, Karlstr. 31) die
inhaltsreichen Kataloge kommen, in denen auch anatomische Wandtafeln angezeigt werden. Vom medizinischen Warenhaus erbitte man
die Listen Nr. 19, 39 und die Mitteilung über das Ed. Martinsche
Beckenmodell. Ich habe verschiedene Präparate beider Firmen in der
vorzüglich ausgestatteten Hannover'schen Hebammenlehranstalt gesehen,
die wirklich erstklassig sind. Auch sind die Preise der einfacheren
Modelle nicht sonderlich hoch; freilich wird gerade diese „Lebensfrage"
der berechtigten Kauflust des eifrigen Hebammenlehrers nur gar zu
schnell eine unwillkommene Grenze ziehen.

Göttingen im Dezember 1911.

Dr. Fr. Kirstein.

Inhaltsverzeichnis.

Erster Teil: Vorkenntnisse.

Zweiter Teil: Die regelmäßige Schwangerschaft.

Dritter Teil: Die regelmäßige Geburt.

Vierter Teil: Das regelmäßige Wochenbett.

Fünfter Teil: Abweichungen von dem regelmäßigen Verlauf der Schwangerschaft.

Sechster Teil: Abweichungen von dem regelmäßigen Verlauf der Geburt.

———

Erklärung: Die im Schriftsatz angegebenen Paragraphen beziehen sich auf
das preußische Hebammenlehrbuch, die angegebenen Seitenzahlen auf dieses Buch.
Es bedeutet: Arzt! Der Arzt wird benachrichtigt.
Arzt!! Der Arzt wird schleunigst gerufen.
Arzt!!! Der nächste Arzt muß sofort geholt werden.

———

Erster Teil.

Vorkenntnisse.

Der Bau und die Verrichtungen des menschlichen Körpers.

Der aus Knochen und Weichteilen bestehende menschliche Körper (§ 1.) wird von dem ernährenden Blut durchflossen und seiner Gestalt nach eingeteilt in Kopf, Rumpf und Glieder.

Die Knochen.

Entfernt man von einer menschlichen Leiche alle Weichteile, so (§ 2—6.) bleibt nur das Knochengerüst, Gerippe genannt, übrig. An ihm sitzen die Knochen teils unbeweglich zusammen in Nähten oder Fugen, teils beweglich in Gelenken. An den Fugen und Gelenken sind die zusammenstoßenden Knochenenden von glattem Knorpel überzogen, der etwas weicher ist als Knochen. Die Gelenke werden von einem sehnigen Beutel, der Gelenkkapsel, umgeben, welche die Gelenkschmiere absondert.

Am Kopf, den man in Schädel und Gesicht einteilt, sind beim Erwachsenen die Knochen durch Nähte fest miteinander verbunden mit einer Ausnahme: dem Unterkiefergelenk. Dieses liegt beiderseits zwischen dem Unterkieferknochen und dem Schläfenbein des Schädels und ist dicht vor dem Ohr deutlich zu fühlen. Unter= und Oberkiefer tragen die harten Zähne. — Der Schädel ist eine knöcherne Kapsel und enthält das Gehirn. Ferner sind am Kopf 3 Paar Höhlen zu merken, die Sinnesorgane (Organ = Werkzeug) enthalten: die Augen= höhlen mit den Augen, die Nasenhöhlen mit dem Geruchsorgan und die Ohrhöhlen mit dem Gehörorgan. An den äußeren Mündungen der Ohrhöhlen sitzen die Ohrmuscheln, durch welche die Töne, die wir hören, besser in das Ohr geleitet werden. Endlich unterscheiden wir am Kopf den behaarten Scheitel und Hinterkopf, die Stirn, die Schläfengegend und die Wangen oder Backen.

Das knöcherne Gerüst des Rumpfes, den man in Hals, Brust und Bauch einteilt, erhält seine Stütze durch die Wirbelsäule, auch Rückgrat ge=

nannt. Sie wird von 24 knöchernen Ringen, den Wirbeln, gebildet, die nach hinten und jeder Seite einen stachelförmigen Fortsatz tragen, und zwischen denen jedesmal eine Knorpelscheibe liegt. Straffe, sehnige Bänder verbinden Wirbel und Knorpelscheiben beweglich miteinander, so daß wir den Rumpf hin und her bewegen können. Durch das Übereinanderliegen der Wirbelringe entsteht ein Kanal, den man Rückgratskanal nennt, und in dem das Rückenmark liegt. — Wir unterscheiden 7 Hals=, 12 Brust= und 5 Lendenwirbel. Der oberste Halswirbel ist mit dem Kopf gelenkig verbunden, während der unterste Lendenwirbel mit dem Kreuzbein zusammenstößt, einem Knochen des später zu besprechenden Beckens. An die 12 Brustwirbel setzt sich jederseits eine Rippe an, so daß der Mensch 24 Rippen besitzt. Alle Rippen, mit Ausnahme der beiden unteren Paare, die frei in den Muskeln endigen, ziehen in leichtem Bogen nach vorne zum Brustbein, sich mit einem Knorpelstück gelenkig daran ansetzend. Sie bilden zusammen den Brustkorb, dessen unterer Rand Rippenbogen heißt.

Vorn auf dem Brustkorb liegt, am Brustbein beginnend, rechts und links das S=förmig gekrümmte Schlüsselbein, das seitlich mit dem dreieckigen Schulterblatt zusammentrifft. Dieses liegt auf der hinteren Brustkorbseite jederseits neben der Wirbelsäule und bildet mit Schlüsselbein und Oberarm das Schultergelenk.

Die Glieder zerfallen in Arme und Beine. Ein Arm besteht aus dem einen Knochen enthaltenden Oberarm und dem Unterarm, den 2 Knochen, das Ellenbogenbein und die Speiche, bilden. Indem wir die Speiche um die Elle drehen, ermöglichen wir die Drehbewegungen der Hand, an der wir Handwurzel, Mittelhand und Finger unterscheiden. — Das Bein teilen wir ein in den Oberschenkel, der aus einem Knochen besteht und mit dem Becken durch das Hüftgelenk verbunden ist, den Unterschenkel, der durch das Schienbein und das Wadenbein gebildet wird, und den Fuß. An diesem endlich unterscheidet man Fußwurzel mit Ferse, Mittelfuß und Zehen. Zwischen Ober= und Unterschenkel liegt das Kniegelenk, das vorne von der Kniescheibe geschützt ist.

Alle Knochen verdanken den in ihnen enthaltenen Kalksalzen ihre Härte und sind außen von der Knochenhaut überzogen und innen hohl. In diesen Höhlen liegt das Knochenmark, das ebenso wie die Knochenhaut Blutgefäße zur Ernährung des Knochens trägt.

(§ 7—23.)

Die Weichteile.

Haut, Fett, Muskeln, Nerven, Adern und Eingeweide sind die Weichteile des Körpers.

Die Muskeln, die sich um die Knochen herumlegen und so dem Körper seine Gestalt geben, setzen sich aus rotgefärbten, faserigen Bündeln zusammen und stehen durch Sehnen mit den Knochen in Verbindung. Sie besitzen die Eigenschaft, sich zusammenziehen zu können, wobei sie dicker und vor allen Dingen kürzer werden. Hierdurch ist es ihnen möglich, zwei verschiedene Knochen, an welche sie sich ansetzen, einander näher zu bringen oder von einander zu entfernen. So kommt die Bewegung des Körpers zustande. Jedoch kann sich ein Muskel nur dann zusammenziehen, wenn er mit dem Gehirn oder Rückenmark durch einen Nerven, der wie ein langer weißer Faden aussieht, in Verbindung steht. Ist daher der Nerv durchtrennt, so vermag sich auch der Muskel nicht mehr zu bewegen, er ist „gelähmt."

Es gibt zwei Arten von Muskeln:

1. Solche, die von unserem Willen abhängig sind: Willkürliche Muskeln. Das sind z. B. folgende: Die Beuge= und Streckmuskeln, welche die Beugung und Streckung von Rumpf und Gliedern besorgen; die Atemmuskeln, die Zunge und die Bauchmuskeln. Letztere bilden die Wand der Bauchhöhle und vereinigen sich vorne in der sogenannten weißen Linie.

2. Solche, die von unserem Willen unabhängig sind: Unwillkürliche Muskeln. Das sind z. B. folgende: Das Herz, die Gebärmutter, die Muskeln in der Wand von Magen, Darm und Blase.

Über den Muskeln liegt unter der Haut das Fett, das sich aber auch zwischen den einzelnen Muskeln und in den Körperhöhlen findet.

Die Haut teilt man ein in Oberhaut und Lederhaut; letztere besitzt Gefäße und Nerven, die der ersteren fehlen. Mit den Hautnerven fühlt der Mensch, weshalb man sie auch Empfindungsnerven nennt. Zur Haut gehören ferner die Nägel, die Haare, die Schweiß= und die Talgdrüsen. Diese sondern den Hauttalg ab. — Die Oberhaut, die sich fortwährend abschuppt, ist nur dann leicht zu reinigen, wenn sie zart und weich ist. Ist sie dagegen infolge grober Arbeit hart und rauh, dann hat sie auch dicke Schuppen und tiefe Risse, läßt sich nur schwer reinigen und ist daher für die Hebamme schlecht zu gebrauchen. Häufiges Waschen mit warmem Wasser und Einfetten der Haut macht die Hände weich.

Es gibt noch eine andere Haut: die Schleimhaut. Sie sitzt auf der Innenseite aller Eingeweide, sondert dauernd Schleim ab und ist im Munde, wo sie an den Lippen beginnt, gut zu sehen.

Die Eingeweide liegen in den Körperhöhlen: In der Schädelhöhle mit dem Rückgratskanal, der Brust= und der Bauchhöhle.

In der Schädelhöhle liegt das Gehirn, mit dem der Mensch denkt. In ihm sitzt unser Bewußtsein, und von ihm ziehen Nerven zu den 5 Sinnesorganen, die Sinnesnerven: Zum Auge (Gesicht), zum Ohr (Gehör), zur Nase (Geruch), zur Zunge (Geschmack) und zur Haut (Gefühl). Wenn wir z. B. sehen, daß die Sonne scheint, so werden wir uns bewußt, daß es Tag ist.

Im Rückgratskanal liegt das Rückenmark, das wie das Gehirn aus Nervenmasse besteht und eine Fortsetzung des Gehirns darstellt. Von ihm aus ziehen die Bewegungsnerven zu den Muskeln und, ebenso wie vom Gehirn, Gefühls= oder Empfindungsnerven zur Haut; Haare und Nägel besitzen keine Gefühlsnerven. Dadurch, daß das Rückenmark mit dem Gehirn in Verbindung steht, kommt es uns zum Bewußtsein, wenn wir uns bewegen.

Auch die Arbeit der Eingeweide wird mit Hilfe von Nerven vom Gehirn aus regiert.

In der Brusthöhle, die im Brustkorb liegt, befinden sich zu beiden Seiten die Lungen und zwischen ihnen das vom Herzbeutel einge= schlossene etwa faustgroße Herz.

Beim Einatmen strömt Luft durch Nase und Mund in den Kehlkopf, in dem die Stimmbänder liegen, und von ihm aus in die mit Knorpelringen besetzte starre Luftröhre, die in den Brustkorb hinabzieht, wo sie sich in zwei Äste für die beiden Lungen teilt. In= dem sich diese Äste immer weiter und weiter teilen und immer feiner und dünner werden, bringen sie die Luft überall hin in die Lunge und schließlich in die kleinen Lungenbläschen, die überall an den äußersten Enden der Luftröhrenäste sitzen. Die Anzahl dieser Lungen= bläschen ist ungeheuer groß; aus ihnen setzen sich die Lungen zu= sammen. Verläßt dann die Luft die Lungen wieder, so versetzt sie, wenn der Mensch sprechen will, die Stimmbänder in Schwingungen. Dadurch wird ein Ton erzeugt, den die Mundhöhle mit der Zunge in die Sprache verwandelt. Unterhalb des Kehlkopfes liegt vor der Luftröhre die Schilddrüse, von der wir nur wissen, daß ihr Fehlen den Menschen schwer krank macht. —

Die Ein= und Ausatmung, die etwa 12 mal in der Minute er= folgt, geschieht folgendermaßen: Bei der Einatmung hebt der Mensch mit den Brustmuskeln den Brustkorb und läßt die Scheidewand zwischen Brust= und Bauchhöhle, das Zwerchfell, einen mit Sehnen durchwachsenen Muskel, nach unten steigen. Dadurch wird die Brust= höhle weiter, die Lunge dehnt sich aus, und nun kann die Luft in sie einströmen. Umgekehrt bei der Ausatmung: Der Brustkorb fällt zusammen, und das Zwerchfell steigt nach oben. Dadurch wird die Luft aus den Lungen wieder ausgepreßt.

Die eingeatmete Luft ist ein Gemenge von geruchlosen Gasen, hauptsächlich von Stickstoff und Sauerstoff. Der Stickstoff wird nur ein= und ausgeatmet, der Sauerstoff dagegen dringt von den Lungenbläschen aus in das Blut, welches dafür Kohlensäure abgibt. Diese wird dann gleichzeitig mit etwas Wasserdampf ausgeatmet.

Das Herz, ein hohler Muskel, zieht sich beim Weibe 70—80 mal in der Minute zusammen und besorgt dadurch die Bewegung des Blutes. Durch eine Scheidewand ist seine Höhle in eine rechte und linke Hälfte und jede von diesen wieder in eine Vorkammer und Herzkammer eingeteilt. Jede Kammer besitzt 2 Öffnungen, so daß das Blut ein= und ausströmen kann. An die Öffnungen setzen sich lange Röhren, Adern oder Blutgefäße genannt, an. Diejenigen Adern, welche das Blut, womit Herz und Adern angefüllt sind, vom Herzen fortführen, heißen Schlagadern, weil man in ihnen die Bewegung, den Schlag des Herzens, den Puls, fühlen kann, die, welche es wieder dem Herzen zuführen, werden Blutadern genannt. Dieses Ab= und Zu= strömen des Blutes nennt man den Blutkreislauf und unterscheidet den großen oder Körperkreislauf und den kleinen oder Lungen= kreislauf.

Der große Kreislauf beginnt an der linken Herzkammer. Durch die hier ansetzende große Körperschlagader und deren Äste und Verzweigungen gelangt das Blut überall hin in den Körper. Die letzten Äste der Schlagadern werden schließlich so dünn, daß man sie mit bloßem Auge nicht mehr sehen kann. Man nennt sie dann Haargefäße, die überall im Körper in unendlich großer Anzahl liegen. Diese Haargefäße vereinigen sich allmählich wieder zu erst kleineren, dann größeren Gefäßen, den Blutadern, bis sie schließlich zu zwei großen Blutadern zusammenlaufen: der unteren Hohlvene, die das Blut aus der unteren Körperhälfte zum Herzen zurückführt, und der oberen Hohlvene für das Blut der oberen Körperhälfte. Beide Hohlvenen münden in die rechte Vorkammer. Von da fließt das Blut in die rechte Herzkammer, die es durch die Lungenschlagader wieder verläßt, um zu den Lungen zu strömen. Die Lungenschlagader teilt sich dann wieder bis zu Haargefäßen, die in der Lunge die Lungenbläschen umgeben und sich hierauf zu Blutadern, den Lungen= blutadern, vereinigen. Diese münden in die linke Vorkammer ein, von wo das Blut in die linke Herzkammer eindringt, um von da aus wieder in den Körper zu fließen.

Der von den Lungen eingeatmete und vom Blut in den Haar=

gefäßen der Lunge aufgenommene Sauerstoff färbt das Blut hellrot. Dieses hellgefärbte Blut gibt in den Haargefäßen des Körpers den Sauerstoff ab und nimmt dafür Kohlensäure, gleichfalls ein Gas, auf, wodurch es eine dunkelrote Farbe bekommt. In den Lungen wird dann die vom Körper mitgebrachte Kohlensäure in die Lungenbläschen wieder ausgeschieden und von neuem Sauerstoff aufgenommen. Es fließt also das hellrote Blut von der Lunge durch die linke Vor- und Herzkammer in die große Körperschlagader und damit in die Haargefäße des Körpers, und von hier aus das mit Kohlensäure beladene dunkelrote Blut durch die Blutadern, die obere und untere Hohlvene, die rechte Vor- und Herzkammer in die Lungenschlagader und damit in die Haargefäße der Lungen.

In der Bauchhöhle liegen die Verdauungsorgane, die harnbereitenden Organe und die inneren Geschlechtsteile.

Die Speisen, die wir verdauen sollen, werden im Mund durch die Zähne zerkleinert und mit dem Speichel vermischt, den die beiderseits am Unterkiefer liegenden Speicheldrüsen absondern. Durch das Schlucken geraten sie hierauf in die Speiseröhre, ein häutiges Rohr, das zwischen Luftröhre und Wirbelsäule liegt, durch die Brusthöhle und das Zwerchfell hindurchzieht und in den Magen mündet. Dies ist ein häutiger Sack, der sich dicht unter dem Zwerchfell befindet, und von dem aus die Speisen in den Darm übertreten: Zuerst in den Zwölffingerdarm, dann in den langen, vielfach gewundenen Dünndarm, weiter in den Dickdarm und schließlich in den Mastdarm, der in den After mündet. Der Dickdarm beginnt rechts an der Darmbeinschaufel, heißt an seinem Anfangsteil Blinddarm und trägt hier ein 6—8 cm langes dünnes Anhängsel, den Wurmfortsatz, dessen Erkrankung die Blinddarmentzündung hervorrufen kann. Der Dickdarm zieht dann an der rechten Bauchseite in die Höhe bis unter die Leber, geht unter dem Magen hinweg quer nach links und hierauf nach unten, wo der Mastdarm beginnt. Von dem querverlaufenden Teil des Dickdarms und dem Magen hängt eine netzartig durchbrochene, mit viel Fett versehene Haut über den Dünndarmschlingen frei in der Bauchhöhle nach unten: das sogenannte Netz. Magen und Darm sind in ihrer Wand mit unwillkürlichen Muskeln versehen, durch welche sie sich zusammenziehen und die Speisen weiter schieben können.

Damit die im Magen und Darm befindlichen Speisen verdaut werden können, müssen die sogenannten Verdauungssäfte sich mit ihnen vermischen. Solche Säfte scheiden aus: der Magen: den sauren Magensaft; der Darm: den Darmsaft; die Leber: die bittere Galle und die Bauchspeicheldrüse: den Bauchspeichel. Die Leber ist die größte Körperdrüse, liegt unter der rechten Hälfte des Zwerchfells und sondert die Galle in die Gallenblase ab. Von hier aus fließt die Galle, sobald Nahrung verdaut werden soll, in den Zwölffingerdarm, ebenso wie der Bauchspeichel aus der Bauch= speicheldrüse, die hinter den Därmen an der Lendenwirbelsäule liegt, sich in diesen Abschnitt des Darmes ergießt.

Die Verdauung verläuft folgendermaßen: Die Verdauungs= säfte scheiden den für den Körper brauchbaren Teil der Speisen von dem unbrauchbaren, der als Kot durch den After abgeht, und ver= wandeln zugleich den brauchbaren Teil in Milchsaft. Und zwar werden die Nährstoffe (vgl. § 29, Seite 9) von folgenden Säften verdaut:

die Eiweißstoffe vom sauren Magensaft und dem Bauchspeichel,
die Fettstoffe von der Galle   „   „   „
die Kohlenhydrate von dem Mundspeichel „   „   „

Der fertige Milchsaft wird von kleinen zottenartigen Vorsprüngen der Darmschleimhaut, den Zotten, mittels feiner Saugadern auf= gesaugt, durch diese ins Blut geführt und vom Blute überall hin in den Körper gebracht.

Die Innenwand der Bauchhöhle und alle in ihr liegenden Organe sind von einer glatten, glänzenden Haut überzogen, dem Bauchfell. Entzündet es sich z. B. infolge einer Erkrankung der Gebärmutter, so erkrankt der Mensch lebensgefährlich an einer Unterleibsentzündung.

Auf beiden Seiten der Lendenwirbelsäule liegen die beiden klein faustgroßen Nieren, welche Wasser, Harnstoff und andere Salze aus dem Blute aufsaugen und als Urin durch zwei häutige Röhren, die Harnleiter, in die Blase absondern. Hier sammelt sich der Harn und wird durch die von einem willkürlichen Schließmuskel verschlossene Harnröhre nach außen befördert. Würden die mit ihm ausgeschiedenen Bestandteile im Körper bleiben, so würde der Mensch schwer krank werden.

Die Milz ist für die Blutbereitung wichtig und liegt in der Bauchhöhle links neben dem Magen unter dem Rippenbogen.

Der feinere Aufbau des menschlichen Körpers.

Wie ein Haus aus vielen kleinen Bausteinen zusammengesetzt ist, (§ 24—25.) so besteht der ganze Körper aus zahllosen kleinsten Teilchen, den so= genannten Zellen, die man nur mit dem Mikroskop, einem starken Vergrößerungsglas, erkennen kann. So besteht z. B. ein Muskel aus unendlich vielen Muskelzellen, die ganz anders aussehen wie

Knochen- oder Knorpel- oder Nervenzellen usw., so daß man an den Zellen erkennen kann, was für ein Gewebe man unter dem Mikroskop hat. Ein besonderes Gewebe ist das Bindegewebe, das alle einzelnen Körperteile miteinander verbindet, z. B. die Haut mit dem darunterliegenden Fett und dieses wieder mit den Muskeln. Das Bindegewebe besteht wie ein Schwamm aus Fäden und Maschen, zwischen denen Löcher und Gänge liegen. Diese sind mit einer farblosen Flüssigkeit, der Lymphe, angefüllt, die aus den Bindegewebslöchern sich in kleine Röhrchen, die sog. Lymphgefäße, ergießt, welche wie Adern aussehen, sich wie diese allmählich zu größeren Röhren miteinander vereinigen und schließlich in die Blutadern münden. Vorher müssen diese Lymphgefäße jedoch noch die Lymphdrüsen passieren; das sind kleine Knoten, die z. B. in der Achselhöhle, am Ellenbogen, in der Schenkelbeuge und sonst noch an vielen Stellen des Körpers liegen. Giftige Stoffe, welche z. B. durch eine Verletzung der Haut in das Bindegewebe hineingeraten, fließen mit der Lymphe in die Lymphdrüsen, die dann anschwellen oder gar vereitern können, und geraten schließlich sogar ins Blut, so daß der Mensch eine Blutvergiftung bekommt.

Das Blut, die Ernährung und der Stoffwechsel des Körpers.

(§ 26—29.) Das Blut, das durch Herz und Adern fließt, besteht aus einer Flüssigkeit, dem Blutwasser, in dem ganz kleine rote und weiße Scheibchen schwimmen, die sog. roten und weißen Blutkörperchen. Die Zahl der letzteren ist gering, die der ersteren sehr groß. Deshalb sieht das Blut rot aus. Die roten Blutkörperchen sind es, welche in der Lunge den Sauerstoff aufnehmen. Gebildet werden die Blutkörperchen im Knochenmark und in der Milz. Kommt das Blut an irgendeiner Stelle infolge einer Verletzung aus den Adern heraus, so gerinnt es.

Das Blut hat die Aufgabe, den in den Haargefäßen der Lungen aufgenommenen Sauerstoff und den aus dem Darm stammenden Milchsaft allen Zellen des Körpers zuzuführen, damit sie sich damit ernähren, so daß der Mensch leben und wachsen kann. Jede Zelle „verbrennt", wie wir sagen, den Sauerstoff und Milchsaft, behält dabei Kohlensäure und Harnstoff übrig und gibt diese beiden Stoffe wieder an das Blut ab. Das Blut scheidet dann die Kohlensäure in die Lungenbläschen aus, so daß sie der Mensch ausatmen kann, und den Harnstoff, sowie das überschüssige Wasser in die Nieren. Jedoch auch die Haut scheidet Wasser aus, das für gewöhnlich an der Körperoberfläche verdunstet und nur, wenn der Mensch sehr heiß wird, in Form von Schweiß abgesondert wird.

Diese Aufnahme von Sauerstoff und Milchsaft und diese Abgabe von Kohlensäure, Wasser und Harnstoff nennt man den Stoffwechsel des Menschen. Bei diesem Stoffwechsel entsteht Wärme. Infolgedessen ist jeder Mensch warm, und zwar beträgt seine Wärme 36,5 bis 37,5° Celsius, ganz gleichgültig, ob sich der Mensch in Kälte oder Hitze aufhält. Jedoch ist er abends etwas wärmer als morgens. Nur bei Krankheiten kommt eine Steigerung dieser Eigenwärme (Fieber) vor.

Bekommt der Mensch keinen Sauerstoff, so leidet er an Atemnot und erstickt schließlich, erhält er keinen Milchsaft, so empfindet er Hunger und Durst und verhungert und verdurstet schließlich.

Aus der Tier- und Pflanzenwelt stammen unsere Nahrungsmittel, z. B. Fleisch, Eier, Kartoffeln, Brot. Sie enthalten mancherlei unbrauchbare Stoffe, die wir als Kot wieder ausscheiden, vor allem aber drei wichtige brauchbare Stoffe, die sog. Nährstoffe, das sind:

1. Die Eiweißstoffe, die hauptsächlich enthalten sind im Fleisch, in der Milch, in Eiern und Hülsenfrüchten.

2. Die Fette, die wir in Butter, Schmalz und Fleischfett genießen.

3. Die sogenannten Kohlenhydrate, das sind z. B. Mehl und Zucker.

Außer diesen drei Nährstoffen braucht der Mensch unbedingt noch zweierlei zur Ernährung: Wasser und Salze.

Der Bau und die Verrichtungen des weiblichen Körpers.

Der Hauptunterschied zwischen Mann und Weib beruht auf dem (§ 30—32.) verschiedenartigen Bau der Geschlechtsteile. Aber auch in anderen Dingen lassen sich große Unterschiede finden: Die Frau ist meist kleiner als der Mann, hat dünnere Knochen, schwächere Muskeln und ein stärker entwickeltes Fettpolster. Die Schultern sind schmaler, die Brusthöhle ist enger, die Bauchhöhle und das Becken dagegen weiter und darum auch die Hüften breiter, weil das vom Mann gezeugte Kind vom Weib getragen und durch das Becken hindurch geboren werden muß. Sodann ist die naturgemäße Tätigkeit und Arbeit des Mannes eine ganz andere als die der Frau. Der Mann steht draußen im Leben, die Frau und Mutter ist der Hort der Familie, vermag aber auch ihre fürsorgende Liebe erfolgreich im Dienste für Kranke, Gebärende und Wöchnerinnen zu betätigen.

Das weibliche Becken.

Das Becken stellt einen knöchernen Ring dar und setzt sich aus dem (§ 33—39.) Kreuzbein, dem Steißbein und den beiden Hüftbeinen zusammen.

Das Kreuzbein hat eine keilförmige Gestalt, ist gebogen, etwa wie ein Komma, und innen hohl. Es ist die Fortsetzung der Wirbelsäule, deren Inhalt, das Rückenmark, bis ins Kreuzbein hinein= reicht. Die vom Rückenmark herkommenden Nerven, die zu den Beckenorganen und unteren Gliedmaßen ziehen, treten durch je 4 Paar Löcher vorn und hinten durch das Kreuzbein hindurch. Die rechts und links von den Löchern liegenden Teile des Kreuzbeins heißen Kreuzbeinflügel. Auf der Hinterfläche verlaufen 3 „rauhe Linien" neben= einander von oben nach unten, auf der Vorderfläche 4 „erhabene Linien" in querer Richtung. Letztere liegen an den Stellen, an denen die 5 falschen Wirbel zusammengewachsen sind, aus denen ursprünglich das Kreuzbein bestand. Die Verbindungsstelle zwischen dem letzten Lendenwirbel und dem Kreuzbein springt stark ins Becken vor und wird Vorberg genannt.

Das Steißbein, ein aus 4 kleinen Wirbeln bestehender Knochen, setzt sich gelenkig unten an die Kreuzbeinspitze an.

Die beiden Hüftbeine setzen sich beiderseits an die Kreuzbein= flügel an und verlaufen im Bogen nach vorne, wo sie in der Scham= oder Schoßfuge zusammenstoßen. Das Hüftbein ist aus 3 Knochen, dem Darmbein, Sitzbein und Schambein zusammengewachsen, die in der Gelenkpfanne zusammenstoßen. Diese liegt außen am Becken und ist für den Oberschenkelkopf bestimmt.

Das Darmbein bildet die seitliche Beckenwand und besteht haupt= sächlich aus der Darmbeinschaufel. Ihr oberer Rand heißt Darm= beinkamm, der vorn und hinten in die Darmbeinstachel ausläuft, ihr unterer Rand Bogenlinie.

Das Sitzbein besteht aus dem absteigenden Sitzbeinast (mit dem Sitzbeinstachel) und dem aufsteigenden Sitzbeinast. Da, wo beide Äste zusammenstoßen, liegt der Sitzbeinhöcker. Zur Festigung des Beckens ziehen starke Bänder von Sitzbeinstachel und =Höcker zum Kreuzbein.

Das Scham= oder Schoßbein besteht aus einem queren und einem absteigenden Aste, der sich mit dem aufsteigenden Sitzbeinast verbindet. Eine scharfe Knochenkante auf dem queren Schambeinast heißt Schambeinkamm. Zwischen den beiden Schambeinen vorne liegt die Schamfuge. Der Bogen unter ihr wird Schambogen genannt. Unter den queren Schambeinästen liegt jederseits ein „eirundes Loch", das durch eine sehnige Haut verschlossen ist.

Man teilt das Becken ein in das große und kleine Becken. Die Grenze zwischen beiden ist der sog. Beckeneingang des kleinen Beckens. Nur dieses ist für die Geburt bedeutungsvoll. Man unterscheidet drei Abschnitte an ihm:

Den Beckeneingang, die Beckenhöhle oder Beckenmitte und den Beckenausgang.

Der Beckeneingang ist eine Ebene, die begrenzt wird vom Vorberg, den Bogenlinien, den Schambeinkämmen und dem oberen Rand der Schoßfuge.

Der Beckenausgang, die untere Öffnung des Beckens, wird begrenzt von der Steißbeinspitze, den beiden Sitzbeinhöckern und dem Schambogen.

Der Raum zwischen Beckeneingang und -Ausgang ist die Beckenhöhle.

Um die Größe eines Beckens zu erkennen, mißt man die Entfernungen verschiedener Punkte des Beckens von einander. Diese Entfernungen nennt man Durchmesser. Folgende sind von Wichtigkeit:

Im Beckeneingang:

1. Der gerade Durchmesser vom Vorberg bis zur Schoßfuge: 11 cm.

2. Die schrägen Durchmesser, von einer Kreuzdarmbeinfuge zum schräg gegenüberliegenden queren Schambeinast: 12 cm. Und zwar zieht der rechte schräge Durchmesser von rechts hinten nach links vorn, der linke von links hinten nach rechts vorn.

3. Der quere Durchmesser zwischen den beiden entferntesten Punkten der Bogenlinien: 13,5 cm.

In der Beckenhöhle:

Die schrägen Durchmesser, welche in ihr die größten sind: 13,5 cm.

Im Beckenausgang:

1. Der grade Durchmesser, von der Steißbeinspitze zum unteren Rand der Schoßfuge: 11 cm. Durch das Zurückweichen des Steißbeines bei der Geburt nach hinten wird dieser Durchmesser meist größer.

2. Der quere Durchmesser zwischen den beiden Sitzbeinhöckern: 11 cm.

Also sind die größten Durchmesser folgende: Der quere im Beckeneingang, der schräge in der Beckenhöhle und der grade im Beckenausgang.

Nun denkt man sich noch eine Linie durch das Becken gezogen, wie das Kreuzbein gekrümmt und so gelegt, daß sie von allen Beckenwänden gleich weit entfernt ist. Sie heißt Führungslinie. Sie gibt die Richtung an, wie der untersuchende Finger in das Becken eingeführt werden muß.

Bei aufrechter Körperhaltung sieht der Beckeneingang nicht gerade nach oben, sondern zugleich nach oben und vorn, und ebenso der Beckenausgang nicht allein nach unten, sondern auch nach hinten. Man nennt das die Beckenneigung, die je nach der Stellung und Lage der Frau wechselt.

Das Becken ist außen von Muskeln umgeben; einige liegen auch in seiner Höhlung, so die großen Lendenmuskeln, die auf beiden Seiten des Vorbergs herunterziehen, wodurch das an und für sich schon kleine Becken noch mehr verengt wird. Der Beckenausgang ist bis auf zwei Öffnungen, die Schamspalte und den After, durch Muskeln und sehnige Bänder verschlossen, die den sogenannten Beckenboden bilden.

Der Bau der weiblichen Geschlechtsteile.

(§ 40—49.)   Wir teilen die weiblichen Geschlechtsteile in äußere und innere ein.

Zu den äußeren sichtbaren gehören die großen Schamlippen, die vom Schamberg, einer kleinen, durch Fett bedingten Erhöhung oberhalb der Schoßfuge, herabziehen und sich unten im Schamlippenbändchen vereinigen. Es sind zwei mit Haaren besetzte Hautfalten. Zwischen ihnen liegen die mit Schleimhaut überzogenen kleinen Schamlippen, die oben im Kitzler zusammentreffen. Das ist eine kleine Hervorragung, die viele Nerven und Blutgefäße besitzt. Etwa 2 cm unter ihm sieht man die Mündung der Harnröhre, die von der Blase herkommend unter dem Schambogen hindurchzieht und unter ihm als Harnröhrenwulst fühlbar ist.

Der Raum zwischen den großen Schamlippen heißt Schamspalte, zwischen den kleinen, Vorhof der Scheide. Etwas tiefer erst gelangt man in den Scheideneingang, der bei Jungfrauen durch das zarte Jungfernhäutchen verschlossen ist. Beim Beischlaf reißt dieses Häutchen ein, bei der Geburt reißt es an mehreren Stellen bis zu seinem Ansatz ab, so daß nur kleine Teile davon stehen bleiben, die man dann myrtenförmige Warzen nennt.

Der Teil des Beckenbodens zwischen Schamlippenbändchen und After heißt Damm, zwischen After und Steißbeinspitze Hinterdamm.

Die inneren Geschlechtsteile liegen im Becken und sind: Scheide, Gebärmutter, Eileiter, Eierstöcke und Gebärmutterbänder.

Die Scheide ist ein häutiger, mit Schleimhaut ausgekleideter Gang, der zwischen Blase und Mastdarm liegt und aus einer vorderen kürzeren und längeren hinteren Wand besteht, die für gewöhnlich dicht aufeinanderliegen. Die Scheidenwände fühlen sich rauh an, da ihre Schleimhaut in Querfalten liegt. Durch häufigen Beischlaf und wiederholte Geburten werden diese Falten ausgeglichen, so daß sich die Scheide dann glatter anfühlt. Die Scheide endet im sogenannten Scheidengewölbe, in das die Gebärmutter mit ihrem untersten zapfenförmigen Teil, dem „Scheidenteil der Gebärmutter", hineinragt und so das „vordere" und „hintere Scheidengewölbe" bildet.

Die Gebärmutter ist ein hohler Muskel von birnenförmiger Gestalt. Man unterscheidet eine vordere und eine hintere Wand, die in der rechten und linken Seitenkante zusammentreffen. Der obere, breite Teil wird Gebärmuttergrund genannt, der mittlere Gebärmutter= körper, der untere schmale Gebärmutterhals. Letzterer ragt mit seinem untersten Abschnitt als „Scheidenteil" in die Scheide. Innen ist die Gebärmutter hohl. Diese Höhle hat eine dreieckige Gestalt und ist von vorn nach hinten abgeplattet. Sie geht unten an einer engen Stelle, dem „inneren Muttermund", in den Halskanal über, dessen Öffnung nach der Scheide zu „äußerer Muttermund" genannt wird. Letzterer wird von der sogenannten „vorderen und hinteren Mutter= mundslippe" umschlossen. Halskanal und Gebärmutterhöhle sind mit Schleimhaut ausgekleidet; überzogen ist die ganze Gebärmutter vom Bauchfell, das vorn auf die Blase übergeht, hinten bis zum hinteren Scheidengewölbe herabsteigt und bann zum Mastdarm hinzieht.

Gehalten wird die Gebärmutter im kleinen Becken durch 3 Paar Bänder:

1. Die breiten Gebärmutterbänder. Sie bestehen aus einer doppelten Bauchfellschicht, die jederseits von den Seitenkanten der Gebärmutter zu den Seitenwänden des Beckens zieht. Der Raum zwischen beiden Schichten ist mit lockerem Bindegewebe ausgefüllt, in dem Blutgefäße, Lymphgefäße und Nerven zur Gebärmutter hinziehen. In dem oberen Rande dieser beiden Bänder verlaufen von dem Ge= bärmuttergrund her zwei geschlängelte, dünne, häutige, mit Schleim= haut ausgekleidete Röhren nach rechts und links. Das sind die beiden Eileiter, welche einerseits in die Gebärmutterhöhle, andrerseits mit einer trichterförmigen, von Franzen umgebenen Öffnung in die Bauch= höhle münden. Unter dieser letzteren Öffnung liegen an der Hinter= fläche der breiten Gebärmutterbänder beiderseits die beiden taubenei= großen, mandelförmigen Eierstöcke. Sie tragen in ihrem Innern zahllose Bläschen, von denen jedes ein Ei enthält. Ein solches Ei ist eine große Zelle von der Größe eines Staubkorns oder des 50. Teiles eines Zentimeters.

2. Die Gebärmutterkreuzbeinbänder, die vom Kreuzbein zur hinteren Gebärmutterwand nach der Gegend des inneren Mutter= mundes ziehen.

3. Die runden Gebärmutterbänder, die von den Ecken des Gebärmuttergrundes nach vorn durch die Bauchwand ziehen und in den großen Schamlippen endigen.

Diese Gebärmutterbänder gestatten der Gebärmutter eine gewisse Beweglichkeit. Gewöhnlich liegt die Gebärmutter etwas vornüber=

geneigt auf der Urinblase. Füllt sich diese, so wird der Grund etwas nach hinten gedrängt; füllt sich der Mastdarm mit Kot, so wird die ganze Gebärmutter gehoben. Legt sich die Frau auf die linke Seite, so sinkt auch der Muttergrund nach links und der Hals weicht nach rechts und umgekehrt.

Die weiblichen Brüste.

Zu beiden Seiten des Brustbeins sitzen vorne auf dem Brustkorb die beiden Brüste mit den Brustwarzen, die von den Warzenhöfen mit kleinen knötchenförmigen Drüsen umgeben werden. Die sehr nervenreichen Warzen treten bei Berührungen stärker hervor, damit das Kind sie beim Saugen besser fassen kann. Auf den Spitzen der Warzen finden sich feine Löcher, die Öffnungen der Milchgänge. Die Brüste sind nämlich Drüsen, welche aus vielen einzelnen Lappen be=stehen, zwischen denen Fett liegt. Jeder Lappen besteht aus zahl=reichen Bläschen, welche die Milch absondern, die dann in die Milch=gänge, deren es 12—15 gibt, übertritt.

Die Verrichtungen der weiblichen Geschlechtsteile.

(§ 50 – 56.) Um durch die Begattung, bei der männlicher Same in die Scheide ergossen wird, ein Kind empfangen und dann austragen zu können, müssen die weiblichen Geschlechtsteile erst ausreifen. Ihr zuerst langsames Wachstum beginnt im 13.—14. Lebensjahre stark zuzunehmen, so daß im 16.—17. Jahre die Reife erreicht ist. In diesen Entwickelungsjahren wachsen die Haare auf dem Schamberg, die Schamlippen und die Brüste werden voller und runder, und man sieht es allmählich dem ganzen Körper an, daß aus dem Mädchen die mannbare Jungfrau geworden ist. Die Hauptveränderungen voll=ziehen sich aber an den inneren Geschlechtsteilen:

Die im Eierstock befindlichen Eier werden reif, und indem eins der Eierstocksbläschen platzt, fällt ein Ei in die Bauchhöhle und ge=langt durch einen Eileiter in die Gebärmutterhöhle. Wird es auf diesem Wege nicht befruchtet, so wird es unbemerkt ausgeschieden. Dieser Vorgang wiederholt sich alle 28 Tage und ist von einer Blutung aus der Gebärmutterschleimhaut durch die Scheide nach außen begleitet. Dieser Blutabgang heißt Regel (Periode, monat=liche Reinigung, Menstruation) und dauert 4—5 Tage. Die Frau empfindet dabei meist Schmerzen im Unterleib und Kreuz und fühlt sich überhaupt „unwohl", müde und matt. Die Regel beginnt in unsern Gegenden etwa im 14. Jahre und hört ebenso wie die Aus=stoßung von Eiern aus den Eierstöcken in den vierziger Jahren auf, so daß die Frau dann keine Kinder mehr bekommen kann. Diese Zeit nennt man die Wechseljahre. In ihnen wird die Regel unregel= mäßig, bisweilen auch stärker. Nervöse Beschwerden, Blutwallungen zum Kopf, Herzklopfen stellen sich ein, Erscheinungen, die jedoch völlig ungefährlich sind. Schließlich hört die Regel ganz auf und die Ge= schlechtsteile schrumpfen.

Die Dauer der Regel, ihre Häufigkeit und die ausgeschiedenen Blutmengen sind bei den einzelnen Frauen jedoch sehr verschieden; auch das erste Auftreten kann sehr wechseln, z. B. beginnt die Regel nicht selten erst im 16. oder 17. Jahre. Auch ist sie nicht immer von vornherein regelmäßig, Pausen von 2 und mehr Monaten sind anfangs nicht selten, ohne daß man von einem krankhaften Zustand reden könnte.

Bleibt die Regel jedoch ganz aus, stellen sich statt dessen regel= mäßige vierwöchentliche Schmerzen oder Unterleibsbeschwerden ein, oder wird ein Mädchen bleichsüchtig, so liegt eine Unregel= mäßigkeit vor, die zu dauernder Krankheit oder gar Unfruchtbarkeit führen kann.

Es kommt darauf an, daß die Frau bei der Regel:

1. auf Reinlichkeit hält. Schmutzige Wäsche muß gewechselt, die Geschlechtsteile sollen täglich mindestens einmal warm gewaschen werden. Zum Aufsaugen des Blutes soll eine sogenannte Monatsbinde aus mehrfach zusammengelegter Leinewand oder ein Kissen von Watte oder Holzwolle, an einem Leibgurt befestigt, getragen werden. Solche Binden müssen bequem sitzen und nicht zu fest gegen die Schamlippen drücken, die sonst das Ausfließen des Blutes verhindern. Nach der Regel ist ein Reinigungsbad sehr angebracht.

2. sich vor Erkältung hütet. Zu diesem Zweck soll sie geschlossene Beinkleider tragen, die zugleich gegen Staub und Schmutz schützen. Ferner soll sie während der Regel keine Bäder nehmen. Streng verboten sind heiße Fuß= oder Sitzbäder, die zuweilen zur Beschleunigung des Eintritts der Regel angewendet werden. Krankheiten würden die Folge sein.

Allgemeine Krankheitslehre.

Einleitung.

Krankheiten sind Störungen in dem Bau oder in den Ver= (§ 57—59.) richtungen des menschlichen Körpers. Ihre Behandlung ist Sache des Arztes, während der Pflegerin z. B. der Hebamme bei einer schwer= erkrankten Wöchnerin die ernste Aufgabe zufällt, der Kranken durch

Beistand, Hilfeleistung und Ausführung der ärztlichen Anordnungen aufopfernde Dienste zu leisten.

Man teilt die Krankheiten ein:

1. nach ihrer Dauer in akute d. h. schnell verlaufende, bei denen meist Fieber besteht (z. B. Kindbettfieber, Masern, Scharlach,) und in chronische d. h. langsam verlaufende (z. B. Lungenschwindsucht, Herzfehler, Geschlechtskrankheiten).

2. nach ihrer Entstehung in ansteckende und nichtan= ansteckende. Die Ansteckung kann erfolgen

a) durch Berührung (z. B. bei Kindbettfieber und den Ge= schlechtskrankheiten).

b) durch die Nahrung (z. B. beim Typhus und Cholera).

c) durch die Luft (z. B. bei Pocken, Scharlach, Masern).

Meist erfolgt die Ansteckung durch Übertragung kleinster Pflanzen, die Spaltpilze oder Bakterien genannt werden und, im menschlichen Körper angelangt, diesen krank machen. Werden an einem Orte zu gleicher Zeit viele Menschen von einer ansteckenden Krankheit befallen, so spricht man von einer Epidemie.

Untersuchungsmittel und Krankheitserscheinungen.

(§ 59—69).   1. Die Körperwärme des Menschen kann bei den einzelnen Krankheiten sehr verschieden sein. Deshalb ist es nötig, sie zu messen. Das geschieht mit einem Thermometer d. i. eine Glasröhre, in deren unterem Ende sich Quecksilber befindet. Wird das Quecksilber erwärmt, so steigt es in der Röhre in die Höhe, weil es sich ausdehnt, wird es kälter, so zieht es sich zusammen und sinkt infolgedessen wieder in der Röhre. An dieser sind mit Zahlen versehene Striche angebracht, so daß man angeben kann, bis zu welchem Strich das Quecksilber ge= stiegen ist. Die Entfernung zwischen zwei solchen Strichen nennt man einen Grad. Solcher Grade gibt es 100, und man nennt ein solches Thermometer das Thermometer nach Celsius. Jeder Grad ist wieder in 10 Teile eingeteilt, damit man den Stand des Queck= silbers möglichst genau angeben kann. Hält man das Thermometer in siedendes Wasser, so steigt es auf 100 Grad (d. i. der Siedepunkt), steckt man es in schmelzenden Schnee, so sinkt es auf 0 Grad (Gefrier= punkt). Die Grade unter ihm heißen Kälte=, die über ihm Wärme= grade. Es gibt Zimmer=, Bade= und Krankenthermometer. Die letzteren haben nur die Grade von 32—43, weil höhere oder niedrigere Wärme beim Menschen nicht vorkommt. Es gibt besondere Krankenthermo= meter, bei denen das Quecksilber auf seinem höchsten Stand stehen bleibt und nur durch eine Schleuderbewegung wieder sinkt. Das sind die sogenannten Maximalthermometer.

Man mißt die Körperwärme des Menschen, indem man das untere Thermometerende in die entblößte Achselhöhle legt und dann den Arm fest an den Brustkorb andrücken läßt. Nach 15 Minuten hat das Quecksilber seinen höchsten Stand erreicht. Hat man kein Maximalthermometer benutzt, so muß man den Quecksilberstand ab=lesen, solange das Thermometer noch in der Achselhöhle liegt, weil es sonst in der kühleren Luft sofort wieder sinken würde. Man kann das Thermometer, besonders z. B. bei Kindern, auch in den After einführen, muß aber vorsichtig sein, daß es dabei nicht zerbricht. Dann genügen schon 5 Minuten für die Messung der Wärme, die im After stets um einige Zehntel Grade höher ist wie in der Achselhöhle. Da die Thermometer nicht dauernd richtig zeigen, muß man sie bisweilen mit sogenannten „geaichten" Thermometern vergleichen lassen.

Fieber nennen wir die Körperwärme von 38 Grad und dar=über. Je höher das Fieber, das bis 42 Grad betragen kann, desto kranker der Mensch. Temperaturen von 37,6—37,9 Grad bezeichnen die Fiebergrenze; wenn nämlich z. B. morgens 37,6 Grad gemessen wurde, so kann man abends Fieber erwarten, weil, wie die gewöhn=liche Temperatur, auch das Fieber abends meist höher als morgens ist. Außer der erhöhten Körperwärme haben die Kranken beim Beginn des Fiebers gewöhnlich leichtes Frösteln, das bei sehr hoher Tempe=ratur z. B. von 39,5 oder 40 Grad zu einem richtigen Schüttelfrost werden kann, bei dem die Kranke ein so starkes Gefühl von Kälte empfindet, daß sie sich schüttelt. Solch ein Schüttelfrost kann ½, ja sogar 1 Stunde währen und bedeutet stets eine schwere Erkrankung, es sei denn, daß bei ihr gar keine Temperatursteigerung festzustellen ist. In solchen Fällen geht das Frostgefühl von den Nerven aus. Ein echter Schüttelfrost jedoch muß für den Arzt genau nach Datum und Stunde notiert werden. Eine fiebernde Frau leidet ferner meist an Appetitlosigkeit und vermehrtem Durst, fühlt sich krank und matt und besonders im Kopf heiß. Bei sehr hohem Fieber können Delirien eintreten. Das sind Zustände, bei denen die Kranke Sinnestäuschungen hat und irreredet. Sehr niedrige Temperaturen, z. B. von 35,5 Grad, kommen vor nach starken Blutungen, bei großer Herzschwäche, nach großen Operationen und kurz vor dem Tode.

2. Der Puls ist der in den Schlagadern fühlbare Herzschlag. Man fühlt ihn mit Mittel= und Zeigefinger am besten oberhalb des Handgelenks an der Daumenseite, wo dicht unter der Haut die

Speichenschlagader verläuft, deren Schlag man Radialpuls nennt. Der Puls wird

a) gezählt: Man zählt die Schläge ¼ Minute lang und multipliziert mit 4. Bei der gesunden Frau findet man so 70—80 Schläge in der Minute, die bei starker Bewegung, z. B. beim Laufen, wohl für kurze Zeit vermehrt sind, aber bald wieder auf die richtige Zahl zurückkehren. Beim Fieber jedoch, sowie nach großen Blutverlusten und anderen Schwächezuständen ist die Pulszahl dauernd vermehrt und zwar je höher das Fieber, desto mehr. So kann die Pulszahl auf 100, 120 und 140, ja noch höher steigen.

b) gefühlt in Bezug auf Größe und Kleinheit. Je kräftiger nämlich das Herz arbeitet und je mehr Blut es in die Adern treibt, desto größer, kräftiger ist der Puls und desto besser ist er zu fühlen. Je schwächer das Herz arbeitet, desto schlechter fühlt man auch den Puls. So deutet z. B. ein kleiner schneller Puls auf Herzschwäche des Menschen hin.

3. Die Atmung ist bei Herz= und Lungenkrankheiten erschwert. Bisweilen ringt die Kranke nach Atem. Dann sitzt sie aufrecht im Bett, hebt mühsam den Brustkorb und sieht im Gesicht dabei oftmals etwas bläulich aus. Vermehrt ist die Zahl der Atemzüge gewöhnlich etwas beim Fieber.

4. Die Verdauung verläuft gewöhnlich so regelmäßig, daß der Mensch in 24 Stunden einmal wurstförmigen oder breiigen Stuhlgang von bräunlicher Farbe hat. Häufige und dünne Stühle nennt man Durchfall. Erfolgt die Stuhlentleerung dagegen selten, oft mit tagelangen Zwischenräumen, so redet man von Stuhlverhaltung. — Leibschmerzen rühren von schmerzhaften Darmzusammenziehungen her. — Beim Erbrechen zieht sich das Zwerchfell plötzlich stark zusammen und befördert so den Mageninhalt durch die Speiseröhre in den Mund. — Eine Störung der Verdauungstätigkeit erkennt man oft an einer weiß=belegten Zunge.

5. Der Harn besteht hauptsächlich aus Wasser; er enthält Salze und Harnstoffe, sieht klar aus und hat eine bernsteingelbe Farbe. Der Mensch entleert in 24 Stunden 1200—1500 cbcm Urin. Schwitzt der Mensch stark, so wird der Urin dunkler und geringer an Menge, ebenso, wenn Fieber besteht. Bildet sich einige Zeit nach dem Wasserlassen im erkalteten Urin ein gelblichroter Bodensatz, der sich beim Erwärmen wieder auflöst, so besteht diese Trübung aus Harnsalzen und hat keine Bedeutung. Wird dagegen der Urin schon trübe gelassen, so besteht eine Blasen= oder Nierenerkrankung. Bei letzterer ist auch die Harnmenge verringert, was zur Folge hat, daß die zur

Ausscheidung durch den Harn bestimmten Stoffe im Blut zurückge=
halten werden.

6. Andere Zeichen zur Beurteilung des körperlichen Zustandes
einer Kranken sind folgende:

Bleiches Aussehen, insonderheit blasse Lippen weisen auf
fehlerhafte Blutbeschaffenheit hin. Bei Fiebernden ist das Gesicht
stark gerötet. Wenn bei der Gelbsucht die Galle ins Blut getreten
ist, färbt sich die Haut und auch das Weiße im Auge gelb. Bei
gestörter Atmungs= und Herztätigkeit erhält das Blut nicht genügend
Sauerstoff, so daß die Hautfarbe bläulich wird.

Krämpfe sind unwillkürliche Zusammenziehungen der willkür=
lichen Muskeln. Es gibt besonders zwei Arten: Die Fallsucht
(Epilepsie) und die Eklampsie (§ 450, Seite 135). Beide Erkrankungen
ähneln einander sehr.

Wäßrige Anschwellungen der Haut kommen vor

a) an einzelnen Gliedern. Dann ist eine Blutader durch ein
Blutgerinsel verstopft.

b) an beiden Beinen gleichzeitig. Dann drückt eine Geschwulst
im Leib oder die schwangere Gebärmutter auf die aus den Beinen
kommenden Blutadern, so daß der Blutabfluß zum Herzen be=
hindert ist.

c) am ganzen Körper. Dann besteht allgemeine Wassersucht
infolge schwerer Herz= oder Nierenkrankheit.

Bei der Ohnmacht handelt es sich um kurz dauernden Bewußt=
seinsverlust, dem ein Gefühl von Schwäche und Schwindel vorher=
geht. Dabei ist der Puls klein und die Atmung oberflächlich.

Stirbt ein Mensch, so wird die Atmung röchelnd und langsam,
die Glieder werden kalt, der Puls und das Bewußtsein schwinden, und
schließlich steht das Herz still. Dann ist der Tod eingetreten, dem
nach einigen Stunden die Totenstarre folgt, durch die der ganze
Körper steif wird, und die nach einiger Zeit wieder verschwindet. Einen
plötzlichen Herzstillstand nennen wir Herzschlag.

Krankenpflege.

Kranke Menschen und ihre Umgebung müssen vor allen Dingen (§ 70—76.)
sauber gehalten werden. Nicht minder soll die Pflegerin am eigenen
Körper für größte Reinlichkeit sorgen.

Sehr wichtig ist die Erneuerung der Luft im Krankenzimmer,
in der der Sauerstoff allmählich verbraucht wird und deshalb ersetzt
werden muß. Zu diesem Zwecke öffnet man ein Fenster oben, so daß
die Kranke nicht von dem kalten Luftstrom getroffen wird. Im

Winter ist es vorteilhaft, in einem geheizten Nebenzimmer zu lüften, damit die kalte Luft vorgewärmt in das Krankenzimmer einströmt. Die Temperatur des Zimmers soll 17—19° C betragen. Am besten bringt man die Kranke in einem hellen, sonnigen Raum unter, da dunkle Zimmer meist auch schmutzig sind.

Das Krankenbett soll eine Matratze und Kopfpolster von Roß= haaren haben, sowie ein oder zwei wollene Decken zum Zudecken. Das Bettlaken, sowie das Hemd müssen stets glatt gezogen sein, da= mit die Kranke sich nicht drückt.

Harn und Kot fängt man am besten in einem sogenannten Bettschieber aus Porzellan auf, etwaigen Auswurf in einem Speiglas.

Täglich müssen der Kranken Hände und Gesicht gewaschen werden; auch das Haar ist zu kämmen. Bei der Nahrungsaufnahme müssen Kopf oder Rücken, je nachdem ob die Kranke sich aufsetzen darf oder nicht, sorgfältig mit dem Arm oder mit Hilfe von Kissen gestützt werden. Getränk und Speise werden vorsichtig mit Löffel oder kleinem Becher dargereicht.

Soll ein Bett angewärmt werden, so legt man Wärmflaschen, die in ein Tuch eingeschlagen sind, hinein. Niemals darf solch eine Wärmflasche bei einer Bewußtlosen im Bett liegen. Die Kranke könnte, da sie ja nichts fühlt, furchtbare Brandwunden davontragen. Damit hat sich die Wärterin der fahrlässigen Körperverletzung schuldig gemacht. Man trägt eine Kranke, indem man die Arme unter den Rücken und die Mitte der Oberschenkel schiebt und sich dann so weit hinten überbeugt, daß der Körper auf der Brust der Pflegerin ruht. Will man die Kranke umbetten, so muß vorher das Kopfende des neuen Bettes an das Fußende des bisher benutzten geschoben werden.

Bei längerem Krankenlager kann sich die Kranke durchliegen. Meist in der Kreuzbeingegend entsteht dann ein roter Fleck.

Behandlung: Durch Rein= und Trockenhalten dieser Körper= stelle, besonders durch Bäder, wird dem Durchliegen vorgebeugt. Ein roter Fleck wird mit einer durchschnittenen Zitrone bestrichen, und der Kranken wird ein Luftkissen untergeschoben.

Bisweilen verwandelt sich der rote Fleck in ein Geschwür (Dekubitus).

Behandlung: Arzt!

Bei sehr langer Krankheit (z. B. Kindbettfieber) kann der Druck des Körpers auf die Haut in der Kreuz= und Steißbeingegend so stark werden, daß der Blutumlauf an diesen Stellen völlig auf= gehoben ist. Dann wird die betreffende Hautstelle nicht mehr ernährt und stirbt ab („wird brandig", „brandiger Dekubitus"). Sie sieht tiefblau aus und stößt sich allmählich ab, so daß ein Geschwür zurückbleibt.

Behandlung: Arzt! Wasserkissen, Bäder.

Wichtige Krankheiten.

Die **Lungentuberkulose** (Schwindsucht) verläuft chronisch und (§ 77—82.) wird durch Spaltpilze erzeugt, die allmählich die Lunge gänzlich zerstören. Die Krankheit ist nur in ihren ersten Anfängen heilbar. Die Kranken magern stark ab und werfen viel aus, bisweilen auch Blut. Werden große Blutmengen ausgehustet, so spricht man von Blutsturz. Fieber, Nachtschweiße und Durchfälle können sich einstellen. Eltern und Geschwister leiden oft gleichzeitig an Schwindsucht. Da der Auswurf die ansteckenden Spaltpilze enthält, soll er in Speigläser aufgefangen und beseitigt werden.

Die **Lungenentzündung** ist eine akute, fieberhafte Erkrankung, bei der Seitenstiche und Atemnot bestehen und rotbrauner Auswurf entleert wird. Sie kann, wenn auch selten, in Tuberkulose übergehen.

Herzfehler sind chronische Krankheiten, die meist durch eine akute Gelenkentzündung (Gelenkrheumatismus) entstehen. Bei ihnen ist der Blutumlauf gestört, so daß Kurzatmigkeit, bläuliches Aussehen und ein schneller, kleiner Puls auftreten können.

Der **Typhus**, eine akute, durch Spaltpilze verursachte fieberhafte Darmkrankheit, erzeugt Geschwüre im Dünndarm, dauert gewöhnlich 6 Wochen und tritt meist epidemisch auf. Oft wird er durch infiziertes Trinkwasser erzeugt.

Die **Diphtherie** ist eine akute, fieberhafte, sehr ansteckende Krankheit, die grauweiße Beläge im Hals hervorruft.

Die **Pocken** verlaufen unter hohem Fieber akut und sind sehr gefährlich. Es bilden sich zahllose Pockenbläschen auf der Haut, die vereitern und Narben hinterlassen. Eine ganz ähnliche Erkrankung kommt bei den Kälbern und Kühen vor. Da man nun die Erfahrung gemacht hat, daß ein Mensch die Menschenpocken gar nicht oder nur in milder Form bekommt, der einmal die Kuhpocken gehabt hat, so impft man den Menschen etwas von dem Inhalt einer Kuh- oder Kälberpocke durch einen kleinen Schnitt in die Haut ein, so daß an der Impfstelle eine Kuhpocke entsteht. Das nennt man die Impfung mit Kuhpockenlymphe. Ihr Schutz währt etwa 10—12 Jahre. Im Deutschen Reich ist durch das Impfgesetz bestimmt, daß jedes Kind in dem auf sein Geburtsjahr folgenden Kalenderjahre geimpft und im 12. Lebensjahre wieder geimpft werden muß. Wird die

Impfung sauber ausgeführt, so ist sie völlig unschädlich. Den besten Beweis für ihre segensreiche Wirkung haben uns die Jahre 1870/71 gebracht. Damals brach unter den französischen Kriegsgefangenen eine schwere Pockenepidemie aus, von der die bewachenden Preußen verschont blieben, weil sie sämtlich geimpft waren.

Ansteckende Geschlechtskrankheiten.

(§ 83—85.)   1. Der ansteckende Schleimfluß oder Tripper erzeugt sehr reichlichen, eitrigen, grünlich-gelben Ausfluß aus der Scheide, der die äußeren Geschlechtsteile anätzt und auf ihnen die Entstehung kleiner Warzen, der sogenannten spitzen Feigwarzen, verursachen kann. In dem Ausfluß sind die Urheber der Krankheit, nämlich Spalt= pilze, enthalten, so daß er sehr ansteckend ist. Der Tripper läßt sich nur auf Schleimhäute übertragen und zwar geschieht dies gewöhnlich beim geschlechtlichen Verkehr. Er ergreift dann besonders die Schleim= haut der Harnröhre und des Gebärmutterhalskanals, seltener die der Scheide und der Gebärmutterhöhle. Besteht die Erkrankung länger, so kann der Schleimfluß fast aufhören und ist doch noch sehr ansteckend.

Die Folgen des Trippers können sein:

a) Bei der Geburt gerät etwas von dem Schleimfluß auf die Augenschleimhaut des Neugeborenen, der dann eine gefährliche Augen= entzündung bekommen kann (§ 502 Seite 152). Auch das Auge eines Erwachsenen kann durch Berührung mit der geringsten Menge jenes Schleimes in der gefährlichsten Weise erkranken.

b) Schreitet die Erkrankung nach oben in die Gebärmutterhöhle und in die Eileiter fort, so kann die Frau dauernd unfruchtbar werden.

c) Im Wochenbett kann durch den ansteckenden Schleimfluß eine ernste fieberhafte Erkrankung entstehen.

Behandlung: Arzt! Peinlichste Sauberkeit der Hände und aller gebrauchten Instrumente (Watte ist sofort zu verbrennen!) ist zur Verhütung einer Übertragung unbedingt notwendig. Da die An= steckung, besonders die kleiner Mädchen, nicht selten durch das Zu= sammenschlafen mit erkrankten Erwachsenen zustande kommt, soll die Hebamme vor dieser Gefährdung warnen. Der Name der Krankheit ist der Frau zu verschweigen.

2. Die Lustseuche (Syphilis) ist deshalb viel gefährlicher als der ansteckende Schleimfluß, weil sie den ganzen Körper ergreift und noch dazu vererbbar ist. Ihre Übertragung erfolgt, gleichfalls meist beim Geschlechtsverkehr, nur auf Wunden. Schon der kleinste Schleim=

hautriß, die geringste Verletzung am untersuchenden Finger genügt. Die Lustseuche macht folgende Erscheinungen:

a) An dem Ort der Ansteckung, meist also an den Geschlechts= teilen, bildet sich ein hartes Knötchen, das sich in ein Geschwür mit harter Umgebung verwandelt. Das ist der sogenannte harte Schanker. Zugleich schwellen die Lymphdrüsen in den Leisten= beugen an.

b) Einige Wochen später hat die Krankheit den ganzen Körper ergriffen. Dann entsteht auf der Haut ein roter fleckiger Aus= schlag, und an den Stellen, wo sich Hautfalten finden, also z. B. an den Geschlechtsteilen, am After, unter den Brüsten entstehen breite Feig= warzen, bedeckt mit einer sehr ansteckenden wäßrigen Schmiere.

c) Nach Monaten oder Jahren treten Ausschläge auf der Haut, zerstörende Geschwüre am Kehlkopf und an den Knochen, an den Eingeweiden, besonders im Gehirn und in der Leber auf und schwere Nervenkrankheiten und Irrsinn können die Folge sein.

Ist der Vater oder die Mutter eines Kindes syphilitisch, so wird es vorzeitig, oft schon tot geboren, oder kommt an Ausschlag (Blasen= ausschlag an Handtellern und Fußsohlen) schwer erkrankt zur Welt und stirbt bald, oder ist bei der Geburt scheinbar gesund, erkrankt aber bald danach oder gedeiht jedenfalls schlecht.

Behandlung: Arzt! Selbst die beste Behandlung kann die Krankheit nicht immer für die Dauer heilen. Die Hebamme hüte sich besonders vor der Übertragung durch allergrößte Sauber= keit. Alles, was mit der Kranken in Berührung gekommen ist, wird ausgekocht oder verbrannt (z. B. Watte). Der Name der Krankheit ist der Frau zu verschweigen.

Frauenkrankheiten.

Der Krebs der Gebärmutter. Am häufigsten in der Zeit (§ 86—91). der Wechseljahre bilden sich bei manchen Frauen am Scheidenteil dicke, harte Knoten, die sehr bald geschwürig zerfallen. Das sind Krebs= knoten und Krebsgeschwüre, welche zuerst unregelmäßige, stärkere Blutungen und später äußerst stinkenden, jauchigen Ausfluß ver= anlassen, ohne daß dabei die geringsten Schmerzen beständen. Solche treten vielmehr erst sehr viel später auf, wenn die Krebskrankheit bereits auf den übrigen Körper übergegangen ist.

Erkennung: Unregelmäßige, stärkere Blutungen in den Wechsel= jahren und stinkender Ausfluß sind stets auf Krebs verdächtig. Nicht selten fangen diese Krebsblutungen erst an, nachdem die Regel schon seit Jahren ausgeblieben war, so daß die Frau denkt, die Regel sei wiedergekehrt. In solch einem Falle handelt es sich fast stets um Krebs. Ferner erkennt die Hebamme den Krebs an den eben beschriebenen Veränderungen des Scheidenteils.

Behandlung: Arzt! Nur in ihren ersten Anfängen ist die Krankheit durch eine Operation heilbar. Sonst führt sie sicher zu einem qualvollen Tode. Deshalb muß die Hebamme, die oft zuerst von erkrankten Frauen befragt werden wird, beim geringsten Verdacht die Frau an einen Arzt weisen. Weil Schmerzen im Anfang nicht bestehen, meint die Kranke wohl, sie sei gesund. Aber gerade dieses Fehlen aller Schmerzen ist äußerst verdächtig. Die innere Untersuchung einer Krebskranken ist der Hebamme streng verboten, weil die Besudelung ihrer Hände mit dem stinkenden Ausfluß durch Übertragung von Eiterspaltpilzen einer gebärenden Frau das Leben kosten kann. Hat die Hebamme aber erst bei der inneren Untersuchung den Krebs erkannt, dann richtet sie sich nach den Vorschriften des § 385 Seite 122. Der Name der Krebskrankheit ist der Kranken zu verschweigen.

Der Brustkrebs führt zu harten, langsam wachsenden Knoten in den Brüsten. Die Knoten können nach außen aufbrechen, so daß Geschwüre entstehen. Gleichzeitig schwellen die Lymphdrüsen der Achselhöhle an.

Behandlung: Arzt! Auch hierbei kann nur eine frühzeitige Operation Heilung bringen.

Die Muskelgeschwülste der Gebärmutter sind dicke harte Knoten, die ganz aus Muskelzellen bestehen und durch starkes Wachstum den Leibesumfang erheblich vermehren können. Durch sie wird die Regel schmerzhaft und verstärkt, so daß es manchmal zu fast unstillbaren Blutungen kommt.

Die Eierstockgeschwülste (Eierstockswassersucht) sind große, mit einer zähen Flüssigkeit angefüllte Blasen, zu denen sich der Eierstock umwandelt. Sie können den Leib viel stärker ausdehnen als eine schwangere Gebärmutter und müssen durch Operation entfernt werden, weil sie lebensgefährlich sind.

Starke Blutungen und Schmerzen bei der Regel, sowie stärkerer weißer Fluß können bei Gebärmutterentzündungen, Lageveränderungen der Gebärmutter und Polypen vorkommen. Letztere sind gestielte Muskelgeschwülste der Gebärmutter, die im Muttermund liegen. Stellt sich bei einer Frau starkes Jucken an den Geschlechtsteilen ein, so muß sie unbedingt ärztliche Behandlung aufsuchen. Die akute Unterleibsentzündung (Bauchfellentzündung) kommt beim Kindbettfieber vor (§ 479 Seite 145).

Bei schweren Geburten können erhebliche Zerreißungen ein=
treten z. B. des Dammes bis in den After. Dann kann die Frau
Blähungen und Stuhlgang nicht halten. Oder es ist infolge des
starken Geburtsdruckes eine Verbindung zwischen Blase und Scheide
entstanden: Harn= oder Urinfistel, so daß der Harn unwillkürlich
abfließt. Fließt dagegen beim Lachen oder Husten nur etwas Harn
ab, so spricht man von Blasenschwäche. Die Geburtsverletzungen
sind durch Operation heilbar.

Wenn sich die vordere und hintere Scheidenwand in die Scham=
spalte vorwölbt, dann besteht ein sogenannter Scheidenvorfall. Ist
die Gebärmutter nach unten gesunken, so daß der Scheidenteil von
außen sichtbar ist, oder liegt die ganze Gebärmutter mit der vorge=
fallenen Scheide vor der Schamspalte, so spricht man von Gebär=
muttervorfall. Die Ursache dieser Vorfälle ist häufig ein Dammriß
und außerdem meist ein schlecht abgewartetes Wochenbett. Dabei
erschlaffen die Gebärmutterbänder und die Scheidenwandungen, sodaß
Gebärmutter und Scheide nicht in ihrer Lage festgehalten werden.
Preßt die Frau (z. B. beim Heben, beim Stuhlgang), dann treten
die Vorfälle stärker heraus, während sie sich in Rückenlage wieder
zurückziehen.

Die Behandlung aller dieser Frauenleiden ist lediglich Sache des
Arztes, und der Hebamme streng verboten.

Befondere Hilfeleiftungen.

Das Abnehmen des Harns oder das Katheterifieren.

Der Katheter, ein Rohr von Neusilber oder Gummi, wird zum (§ 92.)
Entleeren des Urins in die Harnblase geschoben, wenn die Frau die
Blase nicht willkürlich entleeren kann. Zu diesem Zwecke wird die
Frau auf den Rücken gelegt. Nach der Desinfektion der Hände und
15 Minuten langem Auskochen des Katheters werden, während die Frau
ihre Beine spreizt, die Schamlippen mit der linken Hand auseinander=
gehalten, worauf die rechte Hand die Harnröhrenmündung und ihre
Umgebung mit einem in Kresolseifenlösung getauchten Wattebausch
reinigt. Wird nämlich Schleim oder Wochenfluß mit in die Blase
geschoben, so kann die Frau einen schmerzhaften Blasenkatarrh be=
kommen. Nun sucht die Hebamme die Harnröhrenmündung und
schiebt den Katheter vorsichtig soweit hinein, bis der Urin abläuft.
Er wird in einem bereitgestellten Gefäß aufgefangen. Sodann wird
der Katheter mit den Fingern zugedrückt, herausgezogen, und sofort
wieder ausgekocht. Unbedingt notwendig ist es, daß die Harnröhren=

mündung gut sichtbar ist. Ist dies nicht der Fall, so darf kein Versuch gemacht werden, den Katheter einzuführen. Bisweilen stößt der Katheter auf einen Widerstand beim Einführen. Dann besteht wahrscheinlich ein Krampf des Blasenschließmuskels, der nach kurzer Zeit nachlassen wird. Nicht selten verläuft die Harnröhre etwas gekrümmt, dann muß durch vorsichtiges Hin- und Herschieben des Katheters der richtige Weg gesucht werden.

Die Hebamme soll gewöhnlich einen Jacques-Patent-Katheter aus Gummi, Nr. 8 oder 9, benutzen, darf aber auch einen Neusilberkatheter anwenden, nachdem sie ihn dem Kreisarzt zur Begutachtung vorgelegt hat. Bei der Anwendung dieses starren Katheters muß jede Gewalt ängstlich vermieden werden.

Der Einlauf oder das Klystier.

(§ 93.) Zur Erzeugung des Stuhlgangs läßt man aus einer 1 l fassenden Spülkanne (Irrigator), an der sich unten ein schwarzer Gummischlauch, ein Zwischenstück mit Hahn und ein gläsernes Afterrohr befindet, beim Erwachsenen $\frac{1}{2}$ l, beim Neugeborenen einen kleinen Tassenkopf warmes Wasser in den Mastdarm einlaufen. Zu dem Zwecke lagert man Erwachsene auf den Rücken oder besser auf die Seite, Kinder legt man sich auf den Schoß den Rücken nach oben gekehrt. Bei Erwachsenen wird das gläserne Ansatzstück 7—8 cm, bei Säuglingen 2 cm tief vorsichtig in den After eingeführt, der Hahn geöffnet und dann die Spülkanne langsam in die Höhe gehoben, bei Erwachsenen $\frac{1}{2}$ m hoch, bei Neugeborenen etwas höher wie der After des Kindes. Will das Wasser nicht fließen, so zieht man das Afterrohr etwas zurück. Der Einlauf soll möglichst lange zurückgehalten werden, damit der Kot gründlich erweicht wird. Durch Zusatz von 1 Teelöffel Salz zum Klystierwasser kann man dessen Wirkung verstärken.

Ausspülungen der Scheide.

(§ 94.) Sie dürfen von der Hebamme nur auf ärztliche Verordnung oder auf Grund bestimmter Anzeichen vorgenommen werden und dienen entweder zur Reinigung der Scheide oder zur Blutstillung, indem sie die Gebärmutter zu kräftigen Zusammenziehungen anregen. Zu diesem letzteren Zweck benutzt man heißes Wasser, nicht unter 48° und nicht über 50° warm. Für die reinigenden Ausspülungen verwendet man abgekochtes Wasser oder 1 % Kresolseifenlösung. Die Mischung von 10 g Kresolseife mit 1 Liter Wasser muß in einer Schüssel, nie in der Spülkanne selber vorgenommen werden. Zur Spülung legt man die Frau auf eine Bettpfanne, hebt den mit der Spülflüssigkeit gefüllten Irrigator, an dem sich jetzt aber ein besonderer roter Schlauch befindet, der nicht zum Einlauf, sondern nur zu Scheidenspülungen benutzt wird, und in den ein gläsernes ausgekochtes Mutterrohr ein= gesteckt ist, hoch und spült zunächst die äußeren Geschlechtsteile ab. Dabei werden die im Schlauch befindlichen Luftblasen herausgetrieben, und erst, wenn dies vollständig geschehen ist, führt man das Glas= rohr „laufend" in die Scheide ein. Bis auf einen kleinen Rest läßt man sodann die Flüssigkeit einlaufen, sodaß man das Rohr noch „laufend" aus der Scheide herausziehen kann. Gerät Luft bei solchen Spülungen in die Scheide, so kann die Frau daran plötzlich sterben.

Das Ausstopfen oder die Tamponade der Scheide.

Bei Blasenmole, Fehlgeburt und vorzeitiger Lösung des Mutter= (§ 95.) kuchens (sonst nie!) muß die Hebamme bisweilen zur Stillung der Blutung die Scheide mit Jodoformwattekugeln (Tampons) ausstopfen. Diese walnußgroßen, fest zusammengewickelten und mit einem Faden versehenen Tampons erhält die Hebamme in der Apotheke in zugelöteten Blechbüchsen (Dührßen'sche Büchsen), weil die Watte nur bei diesem Verschluß keimfrei bleibt. Die Tampons sind deshalb mit Jodoform bestreut, um die Entwickelung von Keimen, wenn die Tampons erst in der Scheide liegen, zu verhindern.

Zur Ausführung der Tamponade wird die Frau auf das Querbett gebracht. Die Geschlechtsteile, der Schamberg und die Innenseite der Oberschenkel werden gründlich abgeseift. Das in den Schamhaaren klebende Blut wird entfernt (am besten schneidet man die Haare ab), worauf eine Scheidenspülung mit 1 proz. Kresolseifen= lösung vorgenommen wird. Dann wird die Blechbüchse mit den Tampons geöffnet und zur Hand gestellt. Hierauf desinfiziert sich die Hebamme verschärft, nimmt dann die schützende Watteschicht von den Tampons fort, spreizt mit der linken Hand die Schamlippen weit auseinander, damit die Wattekugeln nichts von der Umgebung, wie z. B. Haare oder Schleim, in die Scheide mit hineinschieben können, und führt darauf mit der rechten Hand den ersten Tampon tief in das hintere Scheidengewölbe ein. Der zweite Tampon wird fest gegen den ersten gedrückt und so fort, bis die ganze Scheide fest ausgestopft ist, worauf die Frau ins Bett zurückgebracht wird. Sie soll mit ge= schlossenen Schenkeln ruhig liegen bleiben. Blutet es nach, so sollen zunächst noch einige Tampons nachgeschoben werden. Nützt das nichts, so war die Tamponade nicht fest genug. Sie muß entfernt werden, worauf die Scheide mit 1 proz. Kresolseifenlösung ausgespült wird.

Erst nach erneuter Reinigung der Geschlechtsteile wird von neuem tamponiert.

Nur eine wirklich feste Tamponade erfüllt ihren Zweck. Ist sie nicht fest, so blutet es hinter ihr weiter. Solch eine Tamponade ist schlimmer als gar keine. Sie erweckt den Schein der Blutstillung, während es in Wahrheit weiter blutet. Außerdem muß unbedingt sauber tamponiert sein, da die Frau sonst an Kindbettfieber erkranken und sterben kann.

Die Tampons läßt man 6, höchstens und ausnahmsweise 12 Stunden liegen (bei vorliegendem Mutterkuchen jedoch bis zum Eintreffen des Arztes! § 427 Seite 132) und entfernt sie dann einfach durch Zug an den Fäden, worauf stets eine Scheidenspülung mit 1 proz. Kresolseifenlösung folgt.

Die Anwendung von Bädern.

(§ 96.)　Man unterscheidet Vollbäder, Halbbäder, Sitz- und Fußbäder. Für die Hebamme kommen nur die reinigenden Vollbäder in Betracht. Ihre Wärme soll 35 Grad betragen und mit dem Thermometer geprüft werden. Die Frau liegt mit dem ganzen Körper im Wasser und zwar nicht länger als 10 Minuten. Wird z. B. bei Eklampsie vom Arzt ein heißes Bad verordnet, so bestimmt er den Wärmegrad (meist 38—40 Grad). Nach solchem Bad werden die Frauen in stark erwärmte wollene Decken eingepackt, um tüchtig nachzuschwitzen.

Die Anwendung von Wärme und Kälte auf einzelne Körperteile.

(§ 97.)　Wärme bringt man z. B. mit erwärmten Topfdeckeln oder Tellern, die in ein Tuch eingeschlagen sind, auf einen Körperteil. Besser ist jedoch die Benutzung der feuchten Wärme. Man bedient sich dazu entweder eines zusammengelegten, in recht warmes Wasser getauchten Handtuches, oder man rührt Hafergrütze oder gestoßenen Leinsamen mit heißem Wasser zu einem Brei an, den man in ein leinenes Tuch so einschlägt, daß er nicht ausfließen kann. Darüber kommt dann in jedem Falle ein wollenes Tuch; über das Handtuch zuerst am besten ein Stück wasserdichtes Zeug. Sobald der Umschlag erkaltet ist, muß er erneuert werden; die Breiumschläge halten die Wärme jedoch sehr lange.

Kälte wird am besten mit Hilfe einer Eisblase auf den Körper gebracht. Das ist eine mit Eisstückchen gefüllte, gut verschraubbare Gummiblase. Sie wird nie direkt auf die Haut gebracht; man legt vielmehr ein dickes Stück Flanell oder einige Lagen Leinwand zwischen Eisblase und Haut. Wird letztere nach einiger Zeit rot, so besteht

die Gefahr, daß sie erfriert, dann muß die Schutzdecke zwischen Eis=
blase und Haut dicker genommen werden. — Man kann auch Leinen=
tücher in Eiswasser legen und dann auf die Haut bringen. Das sind
sogenannte Kompressen, die fast nur noch bei der Augenentzündung
der Neugeborenen Anwendung finden.

Bei Entzündungen und krampfähnlichen Zuständen benutzt man
mit Vorliebe den Prießnitz'schen Umschlag: Ein in kaltes Wasser
getauchtes und gut ausgedrücktes Leinentuch kommt auf die Haut,
darüber wasserdichter Stoff, der größer als das Leinentuch sein muß,
darüber endlich ein Wolltuch. Solch ein Umschlag kann bis zu 12
Stunden liegen bleiben. Muß er öfter wiederholt werden, so nimmt
man statt des Wassers $\frac{1}{2}$ proz. essigsaure Tonerdelösung, um das
Auftreten von kleinen Blutschwären auf der Haut zu verhindern.

Einpackungen des ganzen Körpers werden bisweilen ver=
ordnet: Man breitet zu dem Zweck eine Wolldecke über ein Bett aus;
darüber legt man ein in Wasser getauchtes Leinentuch, legt den Kranken
darauf und wickelt ihn fest mit Leinentuch und Wolldecke ein.

Soll ein Senfteig angewendet werden, so rührt man frischge=
stoßenen Senfsamen mit warmem Wasser zu einem Brei an und
streicht diesen messerrückendick auf ein Leinentuch, das man dann für
10 Minuten etwa auf die Haut legt, die sich dabei unter einem Ge=
fühl von Brennen stark rötet. Nach Entfernung des Pflasters wird
die Hautstelle mit warmem Wasser abgewaschen. Statt dessen kann
man auch Senfpapier in den Apotheken kaufen, mit Wasser anfeuchten
und so auf die Haut legen.

Die Bereitung von Teeaufgüssen.

Lindenblüten=, Flieder=, Pfefferminz= oder Fencheltee wird so her= (§ 98.)
gestellt, daß man auf 1 Teelöffel bis 1 Eßlöffel des Tees $\frac{1}{4}$—$\frac{1}{2}$ Liter
kochendes Wasser gießt, die Mischung 10 Minuten lang ziehen läßt
und dann durch ein Sieb oder Leinentuch in eine Tasse abgießt.

Alle in den §§ 92—98 beschriebenen Hilfeleistungen und Arznei= (§ 99.)
mittel darf die Hebamme nur auf ärztliche Verordnung oder in den
im Lehrbuch besonders bezeichneten Fällen anwenden.

Hilfeleistung bei Chloroformnarkose.

Um Frauen bewußtlos zu machen, damit sie bei Operationen (§ 100.)
keinen Schmerz fühlen, läßt man sie Chloroform einatmen, eine
süßlich riechende, leicht verdunstende Flüssigkeit. Vor Beginn der
Narkose müssen künstliche Zähne aus dem Munde entfernt werden.
Meist wird der Arzt mit dem Chloroformieren anfangen, indem er

auf eine Maske Chloroform auftröpfelt und die Maske der Frau vor Mund und Nase hält. Soll die Hebamme die Narkose fortsetzen, so übernimmt sie die Maske, tropft aber nur auf Anordnung des Arztes Chloroform auf. Zugleich hat sie dreierlei aufmerksam zu beobachten:

1. die Atmung.
2. die Gesichtsfarbe.
3. den Puls.

Stockt die Atmung, oder wird die Frau im Gesicht blau oder ist der Puls nicht mehr gut zu fühlen, so ist dies sofort dem Arzt zu melden.

Bisweilen sinkt der Unterkiefer mit der Zunge bei der Narkose zurück und die Frau beginnt bei der Atmung zu rasseln. Dann muß der „Kiefergriff" angewendet werden, d. h. die Hebamme drückt mit dem 2. und 3. Finger jeder Hand beiderseits von hinten gegen den Kieferwinkel und schiebt so den Unterkiefer wieder nach vorn.

Da die Frauen nach der Narkose leicht erbrechen, müssen sie für einige Zeit nach einer solchen Betäubung noch beobachtet werden.

Wundheilung, Wundkrankheit, Wundschutz.

Es gibt außerordentlich kleine Pflanzen, die so klein sind, daß (§ 101—117.)
man sie nicht mit dem bloßen Auge, sondern nur mit dem Mikroskop
sehen kann. Diese kleinen Lebewesen heißen Spaltpilze (Bakterien),
weil sie sich durch Spaltung vermehren. Wie man nun z. B. unter
den Bäumen sehr viele verschiedene Arten unterscheidet (Eiche, Linde,
Tanne, Fichte usw.), so gibt es auch sehr viel verschiedene Arten von
Spaltpilzen. Man teilt sie ein in solche, die für den Menschen

1. harmlos,
2. nicht harmlos sind;

die nicht harmlosen wieder in

a) Fäulniserreger und
b) Giftentwickeler.

Die Fäulniserreger bringen z. B. ein Stück Fleisch zum Faulen.
Die Giftentwickeler rufen viele ansteckende Krankheiten des Menschen
hervor, z. B. die Lungenschwindsucht (Tuberkulose), die Diphtherie,
den Typhus, die Cholera und auch die Wundkrankheiten. Die Erreger
der letzteren nennen wir daher auch: Wundspaltpilze (Eiterspaltpilze). Sie sehen aus wie kleine Stäbchen oder runde Kügelchen.
Letztere liegen meist in Haufen oder Ketten zusammen, und zwar sind
die kettenförmigen die gefährlicheren.

Die Spaltpilze finden sich überall, wohin wir sehen, an unserm
Körper, besonders den Händen, in der Luft, im Wasser, wenn sie
auch für uns unsichtbar sind. Doch kann man ihr Vorhandensein
dadurch nachweisen, daß man z. B. ein kleines Hautteilchen hinter dem
Nagel abkratzt, auf Blut oder Bouillon (sogenannter Nährboden) bringt
und dann an einem auf dem Nährboden allmählich entstehenden und größer
werdenden weißen oder gelben Fleck das Wachstum der Spaltpilze erkennt.
Impft man dann von einer derartigen „Kultur" Spaltpilze einem
Tiere ein und erkrankt dieses, so ersieht man daraus, daß die hinter
dem Nagel abgekratzten Spaltpilze Giftentwickler waren. Auch die
Wundspaltpilze finden sich überall, besonders aber in eiternden
Wunden, zersetzten menschlichen und tierischen Teilen, Leichen, faulendem

Fruchtwasser oder Blut, im übelriechenden Wochenfluß, in allen Ausflüssen von Blutvergifteten, besonders bei Kindbettfieber und Gebärmutter=krebskranken; ferner bei der Rose, dem Wundstarrkrampf, Scharlach, Pocken, Typhus, Ruhr, Cholera, Diphtherie und bei allen Halsent=zündungen. Von all diesen Orten und Krankheiten aus können Eiter=spaltpilze in eine Wunde hineingeraten. Das geschieht selten durch die Luft, meist durch Berührung mit Händen, Instrumenten, Verband=stoffen. Schon der verwundende Gegenstand, z. B. ein rostiger Nagel, kann die Eiterspaltpilze an sich tragen.

Sobald nun diese Spaltpilze in der Wunde sind (man sagt: „Die Wunde ist infiziert"), so vermehren sie sich in kürzester Zeit unzählbar, erzeugen ihr Gift und schädigen die einzelnen Körperzellen; ja sie können diese sogar töten. Je nach ihrer Giftigkeit bleiben sie entweder 1. in der Wunde selbst, machen sie zum Geschwür und erzeugen dort den Eiter, oder 2. sie verbreiten sich durch die Bindegewebsspalten und Lymphgefäße, seltener durch die Blutgefäße in die nähere Umgebung, die dann unter gleichzeitig auftretendem Fieber anschwillt, sich rötet, heiß wird und schmerzt (Entzündung genannt!), oder 3. sie geraten gar in den allgemeinen Blutstrom. Dann spricht man von allgemeiner Blutvergiftung, einer höchst lebensgefährlichen Er=krankung.

Nun ist aber ferner jede gebärende Frau eine Verwundete, was man schon an dem nach allen Geburten stattfindenden Blutabgang erkennen kann. Da die Hebamme gewöhnlich zur Beobachtung des Geburtsverlaufes eine innere Untersuchung ausführen, d. h. mit dem Finger durch die Schamspalte in die inneren Geschlechtsteile eindringen muß, so kann sie, wenn ihre Hand nicht frei von Spaltpilzen ist, diese auf die Geburtswunden bringen und die Wunden infizieren. Dann erkrankt eine solche Frau im Wochenbett, sie bekommt Fieber — das erste Zeichen der Wundkrankheit — und kann sogar, wenn die Spaltpilze sehr giftig waren, an allgemeiner Blutvergiftung sterben. Eine solche von den Geburtswunden ausgehende Blutvergiftung nennt man Kindbettfieber.

Verhüten kann man eine solche Wundinfektion nur dadurch, daß man die Wunden entweder überhaupt nicht oder nur mit Gegen=ständen berührt, die frei von Spaltpilzen, d. h. keimfrei, „steril" sind. Ob ein Gegenstand, den man an die Wunden bringt, keimfrei ist oder nicht, weiß man nicht, da man ja die Spaltpilze nicht sehen kann. Deshalb müssen alle Dinge, die mit den Wunden in Be=rührung kommen, keimfrei (steril) gemacht, „desinfiziert" werden. Das geschieht entweder durch große Hitze, d. h. durch Temperaturen von annähernd 100 Grad oder durch chemische Mittel. Kälte tötet die Spaltpilze nicht.

1. Durch Hitze desinfiziert man, indem man in einem Koch=apparat (Desinfektionsapparat) z. B. Instrumente 15 Minuten lang kocht. Man kann dazu zwar auch einen gewöhnlichen Kochtopf nehmen, doch sind die Desinfektionsapparate so einfach und billig, daß sich die Hebamme einen solchen anschaffen kann. In ihm soll sie nach einer Geburt ihre Instrumente auskochen, wobei sie, um das Rosten der Instrumente zu verhindern, einen Teelöffel Soda dem Wasser zusetzt. Für den Fall, daß das Auskochen der Instrumente unmöglich ist, ist es erlaubt, sie mit 1 proz. Kresolseifenlösung abzureiben und so keim=frei zu machen. — Verbandstoffe, Wäsche, Kleider, Betten, Matratzen werden in besonderen Apparaten durch erhitzten Dampf sterilisiert. Solche Apparate finden sich in vielen Städten zu öffentlichem Gebrauch; die Hebamme erhält keimfreie Verbandstoffe jedoch in der Apotheke in verlöteten Blechbüchsen. — Auch das Ausglühen von Instrumenten ist eine Anwendungsform der Desinfektion mit Hitze.

2. Was man nicht durch Hitze sterilisieren kann, nämlich die eigenen Hände und den Körper des Kranken, das muß mit chemischen Mitteln desinfiziert werden. Die gebräuchlichsten sind: Sublimat, Alkohol und Kresolseifenlösung. Seltener benutzt man Karbolsäure, essigsaure Tonerde und andere. Hier ist auch das Jodoform zu nennen, ein gelbes, stark riechendes Pulver, mit dem man die Tampons be=streut.

Die Desinfektion der Hände ist das wichtigste, was es für die Hebamme gibt; denn Leben und Gesundheit ihrer Schutzbefohlenen hängt davon ab. Man unterscheidet zwei Arten von Desinfektion:

1. die gewöhnliche für die innere Untersuchung der Schwangeren und die Besorgung des Wochenbettes.

2. Die verschärfte für die innere Untersuchung der Gebärenden, sowie dann sofort anzuwenden, wenn die Hebamme mit Stoffen in Berührung gekommen ist, die wahrscheinlich oder sicher Keime ent=halten (z. B. Wochenfluß einer Fiebernden).

Zur verschärften Desinfektion braucht die Hebamme 1. eine Schale mit 1 Liter heißen Wasser und die Seifen=bürste, 2. eine Schale mit 1 Liter kalten Wasser, in dem eine Sublimatpastille aufgelöst ist (das ist also eine Sublimatlösung 1 auf 1000), und die Sublimatbürste, endlich 3. eine Schale oder Unter=tasse mit der Hälfte (50 g) ihres Alkoholvorrates und einem Bausch Watte (Alkohol feuergefährlich!). Ist dies zurechtgestellt, dann seift und bürstet sich die Hebamme Hände und Unterarme in der ersten

Schale 5 Minuten lang, reinigt die Nägel mit dem Nagelreiniger, spült die Hände nochmals in Wasser und trocknet sie dann mit einem noch nicht gebrauchten Handtuch ab. Sie reibt darauf in der 3. Schale jene Teile kräftig mit Alkohol ab 2 Minuten lang und bürstet schließlich die Hände und spült die Unterarme ab mit dem Sublimat in der 2. Schale 3 Minuten lang. Die Seifenbürste darf nie für das Sublimat benutzt werden und die Sublimatbürste nie zum Seifen, weil die Seife das Sublimat unwirksam macht. Deshalb ist, um diese verhängnisvolle Verwechselung unmöglich zu machen, auf der einen Bürste das Wort „Seife", auf der andern das Wort „Sublimat" eingebrannt. Ferner muß die Sublimatlösung stets klar sein, da trübes Sublimat unwirksam ist. Ganz besonders kräftig sind bei der ganzen Desinfektion die Hände zu bearbeiten, vorzüglich die Nagel= gegenden. Ist die Desinfektion beendet, so wird sofort mit den von Sublimat noch triefenden Händen untersucht, ohne inzwischen irgend einen Gegenstand zu berühren. Die ganze Desinfektion würde dadurch hinfällig werden. Nach erfolgter Untersuchung werden die Hände sogleich wieder mit Sublimat abgespült und dann abgetrocknet.

Bei der gewöhnlichen Desinfektion verfährt die Hebamme genau so wie bei der verschärften mit dem Unterschied, daß die Alkohol= waschung fortbleibt. — Also: 5 Minuten bürsten mit heißem Wasser und Seife, Nägel reinigen, abspülen, abtrocknen; 3 Minuten bürsten mit Sublimat.

Das Sublimat können manche Hebammen nicht vertragen, weil es bei ihnen einen Hautausschlag hervorruft. Dann haben sie sich vom Kreisarzt die Erlaubnis zu erbitten, es durch 1½ proz. Kresol= seifenlösung ersetzen zu dürfen.

Die Sublimatpastillen, welche die Hebamme in der Apotheke gegen Empfangsbescheinigung erhält, sind in schwarzes Papier mit weißer Aufschrift eingewickelt und müssen in einem fest ver= schlossenen Glasgefäß mit der Aufschrift: „Sublimatpastillen, Vorsicht, Gift!" aufbewahrt werden, sonst werden sie feucht. Sie bestehen aus 1 g Sublimat und ebenso viel Kochsalz, damit das Sublimat nicht verdirbt, und enthalten ferner einen roten Farbstoff, um die Ver= wechselung der sehr giftigen Sublimatlösung mit gewöhnlichem Wasser zu verhüten. Eben wegen dieser Giftigkeit muß die Hebamme die Pastillen gut verschlossen aufheben. Für einen Unglücksfall wäre sie verantwortlich.

Wesentlich ist es zu wissen, daß sich nicht alle Hände gleichmäßig gut desinfizieren lassen. Je weicher und geschmeidiger die Haut, desto besser wirken die keimtötenden Mittel, je gröber und rissiger die Haut, desto schlechter. Daher muß die Hebamme grobe Arbeit meiden und sich öfter mit heißem Seifenwasser waschen, wobei sie auch die Nägel rund und kurz schneiden und mit dem Nagelreiniger säubern soll. Ringe müssen vor jeder Desinfektion abgelegt werden. Durchaus verboten ist die Berührung aller Gegenstände, die sicher Wundspalt=pilze enthalten, also das Anfassen von eiternden Wunden, von zer=setzten menschlichen und tierischen Teilen usw. (oben aufgezählt!). Die gründlichste Desinfektion würde dann nicht zur Keimtötung genügen. Hat die Hebamme aber gar selber eine eiternde Stelle an den Händen, so ist jede Desinfektion zwecklos und jede Untersuchung ausgeschlossen.

Mit der Händedesinfektion allein ist es aber nicht getan. Ab=gesehen davon, daß die Hebamme selbstverständlich an Körper und Kleidung peinlich sauber sein muß (nach jedem Unwohlsein ein Voll=bad!) und bei Geburten nur Waschkleider und reine weiße Schürzen, beide mit kurzen Armeln, zu tragen hat, muß auch die Umgebung der Geburtswunden tadellos sauber sein. Die Kreißende soll reine Wäsche tragen (rein heißt hier: Seit der letzten Wäsche noch nicht gebraucht!), auf reiner Unterlage liegen, das Bett soll frisch bezogen sein. Die wasserdichte Unterlage ist mit 1 proz. Kresolseifenlösung abzuwaschen. Die Geschlechtsteile sollen ebenso wie in Schwangerschaft und Wochenbett mit abgekochtem Wasser und Seife mittels Wundwatte, niemals mit einem Schwamm, abgewaschen werden. Ist abgekochtes Wasser, wie wohl meist, nicht zur Hand, so wird 1 proz. Kresolseifen=lösung benutzt (10 g Kresolseife auf 1 Liter Wasser). Die Geschlechts=teile sind so selten wie möglich zu berühren. Alles, was steril ist, also Instrumente, Verbandwatte, darf nur mit desinfizierten Händen berührt werden. Watte und Instrumente legt man entweder in 1 proz. Kresolseifenlösung oder schlägt die Watte in ein reines Hand=tuch, während die Instrumente in dem ausgekochten Wasser bis zur Benutzung liegen bleiben. Was auf den Fußboden gefallen ist, ist nicht mehr steril, muß also entweder wieder ausgekocht oder fort=geworfen werden (z. B. Watte).

Abgesehen von den durch Eiterspaltpilze hervorgerufenen Wund= (§ 118.) krankheiten sind noch folgende wichtig, zumal beide sehr ansteckend sind und Wöchnerin wie Kind in gleicher Weise befallen können:

1. Die Wundrose, bei der die Spaltpilze, sobald sie in eine Wunde geraten, die Haut krank machen, so daß sie unter hohem Fieber anschwillt und sich rosenrot färbt. Die Erkrankung breitet sich sehr schnell über die Haut aus. Am bekanntesten ist die Gesichtsrose.

2. Der Wundstarrkrampf, der anfallsweise zu allgemeinen Krämpfen führt, bei denen der Körper starr wird, und der fast stets

töblich verläuft. Die ihn erzeugenden Spaltpilze leben vornehmlich in der Erde und im Kehricht des Zimmers, so daß ein auf den Fuß= boden gefallenes Wattestück sie leicht an sich tragen kann.

Schließlich ist noch der „Brand" zu erwähnen: Ein vom Blut= strom nicht mehr ernährter Körperteil (z. B. der Nabelstrang) wird kalt, stirbt ab und wird dann vom Körper durch eine Entzündung abgestoßen. Ehe letzteres geschieht, kann jener Teil eintrocknen oder, wenn er mit Fäulnisspaltpilzen infiziert ist, faulen.

Anhang.

Erste Hülfe bei Unglücksfällen.

(§ 119.) Wird die Hebamme, wie das wohl bisweilen vorkommen mag, zu einem Verunglückten gerufen, so richte sie sich, bis der gerufene Arzt erscheint, nach folgenden Anweisungen:

Bei Verwundungen irgendwelcher Art werden Blutgefäße zerrissen, so daß eine Blutung entsteht. Blutet es wenig, dann sind nur Haargefäße verletzt; aus Blutadern blutet es stärker, das Blut ist dunkel. Ist eine Schlagader angerissen, dann strömt hellrotes Blut stoßweise hervor, man sagt: „Es spritzt". Ist eine blutende Wunde entstanden, dann ist zweierlei zu tun:

1. Die Blutung muß gestillt werden. Das geschieht, in= dem man mit desinfizierter Hand einen in 1 proz. Kresolseifenlösung getauchten Wattebausch gegen die Wunde drückt. Sitzt diese an einem Glied, dann schnürt man, wenn eine Schlagader spritzt, das Glied oberhalb der Wunde mit einer Binde (Taschentuch oder besser elastischem Hosenträger) ab oder, wenn eine Blutader blutet, wickelt man das Glied von seinem unteren Ende an nach oben bis über die blutende Stelle mit einer Binde ein oder schnürt unterhalb der blutenden Stelle das Glied ab.

2. Die Wunde muß gereinigt werden. Man wäscht sie samt der Umgebung mit 1 proz. Kresolseifenlösung ab, legt einen in die gleiche Lösung getauchten Wattebausch auf und über diesen ein Stück trockene Watte, das man mit einer Binde oder einem Tuch befestigt.

Verbrannte Hautstellen bestreicht man mit Öl und bedeckt sie mit Watte. Bei ausgedehnten Verbrennungen soll man, wenn möglich, den Kranken in ein 35° warmes Bad bringen.

Vergiftete sollen erbrechen. Um dies zu veranlassen, steckt man ihnen einen Finger tief in den Mund, oder läßt sie Öl oder warmes Wasser mit Butter trinken. Nur bei Vergiftung mit Zündhölzchen (Phosphor!) darf kein Fett, also weder Öl noch Milch gegeben werden.

Erstickte muß man schleunigst an frische Luft bringen. Atmen sie nicht mehr, so muß ebenso wie bei Erhängten oder Ertrunkenen künstliche Atmung ausgeführt werden: Etwa 12 mal in der Minute streckt man ihre Vorderarme nach oben über den Kopf hinaus und drückt sie dann wieder fest an den Brustkorb. Enge Kleider sind vorher zu öffnen.

Erfrorene dürfen erst allmählich in wärmere Luft gebracht werden, wenn sie Lebenszeichen von sich geben. Man schneidet ihnen die Kleider vom Leibe und reibt die Haut mit Schnee oder in kaltes Wasser getauchten Tüchern.

Zweiter Teil

Die regelmäßige Schwangerschaft.

Entstehung und Dauer der Schwangerschaft.

(§ 120—122.) Bei der Begattung gelangt männlicher Same (Flüssigkeit mit Samenzellen) in die Scheide. Durch eigene Bewegung wandern die Samenzellen durch den Halskanal und die Gebärmutterhöhle in die Eileiter. Treffen sie dort mit einem Ei der Frau zusammen, so vereinigt sich eine Samenzelle mit ihm. Das nennen wir „Befruchtung". Nun ist die Frau schwanger.

Die Dauer der Schwangerschaft beträgt etwa 280 Tage oder 40 Wochen; 28 Tage oder 4 Wochen nennt man einen Schwangerschaftsmonat, deren es also 10 gibt. Nach Kalendermonaten dauert die Schwangerschaft 9 Monate und 4—7 Tage.

Sobald ein Ei befruchtet ist, verdickt sich die Gebärmutterschleimhaut außerordentlich, wobei auch ihre Schleimdrüsen größer werden. Die Folge davon ist, daß man die jetzt gleichfalls vergrößerten Drüsenöffnungen deutlich sehen kann. Die Schleimhaut sieht daher siebartig durchlöchert aus und wird deshalb von nun an Siebhaut genannt. Sie umwächst das in den oberen Abschnitt der Gebärmutterhöhle gelangte Ei vollständig, so daß es ganz und gar in der Gebärmutterwand verschwindet.

Die Frucht mit ihren Hüllen und Anhängen.

(§ 123—127.) Das nun wachsende, allerseits von der mütterlichen Siebhaut umschlossene Ei hat selber eine doppelte Hülle. Die äußere heißt die Zottenhaut, weil sie mit Zotten, kleinen Hervorragungen, allerseits besetzt ist, mit denen sie aus der Siebhaut Nahrungsstoffe für das Ei aufsaugt. Die innere Hülle, die mit der Zottenhaut fest verklebt ist, heißt Wasserhaut und ist sehr dünn, klar und durchsichtig. Sie umgibt die Eihöhle, in der sich die Frucht und das Fruchtwasser befinden. Letzteres ist eine trübe Flüssigkeit, beträgt am Ende der

Schwangerschaft ¹/₂ — 1 l und schützt den Nabelstrang, den Frucht=
kuchen und die Frucht vor Druck.

Wenn nun das Ei wächst, so schiebt es den Teil der Siebhaut,
der sich über ihm bei der Einnistung in die Gebärmutterwand zu=
sammengeschlossen hatte, solange vor sich her, bis er die gegenüber=
liegenden Gebärmutterwände erreicht. Das geschieht in der 12. Woche.
Dann verklebt die das Ei überziehende Siebhaut mit der Siebhaut
der übrigen Gebärmutterhöhle, die auf diese Weise völlig verschwindet.
Etwa gleichzeitig, im 3. Monat nämlich, wird die Siebhaut, die zuerst
überall dick und blutgefäßreich war, dünn und blutärmer. Nur an einer
Stelle, da nämlich, wo sich das Ei zuerst angesetzt hatte, wird sie dicker
und bildet große Blutgefäßräume, in welche mütterliches Blut
einströmt. Zur selben Zeit wachsen an dieser Stelle die kindlichen
Zotten stark, während sie an der übrigen Eioberfläche verschwinden,
verzweigen sich baumartig und dringen wie die Wurzeln einer Pflanze
tief in die Siebhaut, besonders in die Blutgefäßräume ein. Dadurch
entsteht der Mutter= oder Fruchtkuchen, auch Placenta genannt.
Er ist ein platter, runder, rotbrauner Körper, etwa 500 g schwer,
und sitzt meist vorn oder hinten an der Gebärmutterwand. Seine
äußere, gelappte Seite heißt die mütterliche, seine innere, von der
Wasserhaut überzogene, die kindliche. Auf dieser Seite setzt sich, meist
in der Mitte, die Nabelschnur an.

Das ist ein 50 cm langer, mehrfach gedrehter Strang, der von
Wasserhaut überzogen ist und durch den zwei Nabelschnurschlagadern
und eine Nabelschnurblutader ziehen, die in eine sulzige Masse, die
sogenannte Nabelschnursulze eingebettet sind. Stärkere Schlängelungen
dieser Gefäße führen zu knotigen Verdickungen der Nabelschnur, die
falsche Knoten genannt werden.

Das vom kindlichen Herzen in die große Körperschlagader ein=
strömende Blut geht in deren Endäste, das sind die Nabelschnurschlag=
adern, über, durchfließt in ihnen die Nabelschnur, die infolgedessen ebenso
schnell wie das kindliche Herz pulsiert, und gelangt so zum Mutter=
kuchen. Hier verzweigen sich die beiden Schlagadern, so daß in jede
Zotte eine kleinere Schlagader eintritt, die sich in Haargefäße auflöst.
Hier gibt das vom Kind gekommene, dunkele Blut Kohlensäure und
verbrauchte Stoffe an das in den Blutgefäßräumen die Zotte um=
spülende, mütterliche Blut ab und nimmt dafür Sauerstoff und
Nahrung auf. Indem sich nun die Haargefäße wieder zu größeren
Adern vereinigen, entstehen zahlreiche Blutadern, die sich zu einer
Blutader, der den Nabelstrang durchlaufenden Nabelschnurblutader,
zusammenschließen. Diese bringt das kindliche Blut zum Herzen der

Frucht zurück. Diesen Umlauf des kindlichen Blutes nennt man den Nabelschnurkreislauf.

Da das Kind selber Sauerstoff und Nahrung im Mutterkuchen aufnimmt, hat es auch einen eigenen Stoffwechsel und bildet deshalb auch selber Wärme, was man daraus erkennt, daß die Frucht stets einige Zehntelgrade wärmer ist als die Mutter. — Wird die Nabelschnur zugedrückt, so erhält die Frucht keinen Sauerstoff mehr, muß also ersticken.

Es besteht somit das reife Ei aus Mutterkuchen mit 3 Eihäuten (von außen nach innen aufgezählt: Siebhaut, Zottenhaut, Wasserhaut), Nabelstrang, Fruchtwasser und Frucht. Da der Mutterkuchen mit den Eihäuten und dem Nabelstrang erst nach der Geburt des Kindes ausgestoßen wird, nennt man diese Teile zusammen: die Nachgeburt.

Die Frucht in den einzelnen Monaten der Schwangerschaft.

(§ 128.) Am Ende des 1. Monats erkennt man an der Frucht Kopf und Rücken, im 2. Monat auch die Gliedmaßen, dazu den Nabelstrang und die Stelle, wo sich im 3. Monat der Mutterkuchen bildet, während an der übrigen Oberfläche des Eies die Zotten verschwinden. Am Ende des 4. Monats sind alle Teile des Eies ausgebildet, auch die Geschlechtsteile der Frucht, so daß es jetzt nur noch auf das Wachstum ankommt. Im 5. Monat wachsen überall auf der Haut feine Wollhaare, im 7. Monat wachsen die Kopfhaare, und die Haut sondert den Frucht= oder Käseschleim ab, und im 9. Monat bekommt die bis dahin sehr rote Haut eine blassere Farbe, weil sich zwischen ihr und den Muskeln das Fett ablagert. — Früchte, die bis zur 28. Woche geboren werden, heißen „unzeitige"; sie machen wohl einige schnappende Atembewegungen, sterben aber sehr bald. Ihre Ausstoßung nennt man Fehlgeburt (Abort). — Früchte, die von der 29. bis 39. Woche geboren werden, werden „frühzeitige" genannt und ihre Geburt „Frühgeburt". Sie können bei guter Pflege am Leben erhalten werden, was um so leichter gelingt, je älter sie sind. — Früchte, die in der 40. Woche geboren werden, werden rechtzeitig geboren; denn sie sind reif und ausgetragen. — Das Alter einer Frucht erkennt man am besten an ihrer Länge, die man vom Scheitel des Kopfes bis zur Fußsohle mißt. Und zwar beträgt diese Länge:

$$\begin{array}{lllll}
\text{Am Ende des} & 1. \text{ Monats} & 1 \times 1 \text{ cm} & = & 1 \text{ cm} \\
" & " & " \; 2. & " & 2 \times 2 \; " & = & 4 \; " \\
" & " & " \; 3. & " & 3 \times 3 \; " & = & 9 \; " \\
" & " & " \; 4. & " & 4 \times 4 \; " & = & 16 \; "
\end{array}$$

$$
\begin{aligned}
\text{Am Ende des } 5.\text{ Monats} \quad &5 \times 5\,\text{cm} = 25\,\text{cm}\\
\text{" " " } 6.\text{ " } \quad &6 \times 5\text{ " } = 30\text{ "}\\
\text{" " " } 7.\text{ " } \quad &7 \times 5\text{ " } = 35\text{ "}\\
\text{" " " } 8.\text{ " } \quad &8 \times 5\text{ " } = 40\text{ "}\\
\text{" " " } 9.\text{ " } \quad &9 \times 5\text{ " } = 45\text{ "}\\
\text{" " " } 10.\text{ " } \quad &10 \times 5\text{ " } = 50\text{ "}
\end{aligned}
$$

Die reife Frucht.

Sie ist etwa 50 cm lang und wiegt 3000—3600 g. Die Haut ist (§ 129–133.) rosarot und nur an den Schultern und Oberarmen noch mit einem leichten Flaum von Wollhaaren bedeckt. Die Nägel überragen die Fingerspitzen. Die Kopfknochen sind fest, die Ohren= und Nasenknorpel hart, die Hoden liegen im Hodensack.

Zu früh geborene Kinder besitzen diese Zeichen noch nicht, insonderheit sind sie nicht so lang und schwer. Ein 49 cm langes Kind ist für reif, ein 48 cm langes nur dann für reif zu erklären, wenn es alle sonstigen Merkmale eines ausgetragenen Kindes an sich trägt.

Knaben sind gewöhnlich größer als Mädchen, Kinder von Mehrgebärenden größer as solche Erstgebärender. Man rechnet auf 100 Mädchengeburten 105 Knaben, deren Sterblichkeit bis zum 20. Lebensjahre aber größer ist als die der Mädchen.

Der Schädel des kindlichen Kopfes besteht aus 7 Knochen, die zum Teil je einen vorstehenden Höcker tragen, und die durch sehnige Häute (Nähte) beweglich miteinander verbunden sind: zwei Scheitelbeine mit den Scheitelbeinhöckern, zwischen beiden die Pfeilnaht. Vor ihnen, durch die Kranznaht mit ihnen verbunden, zwei Stirnbeine (mit Stirnbeinhöckern), zwischen denen die Stirnnaht verläuft; hinter ihnen das Hinterhauptbein mit dem Hinterhaupthöcker, durch die Hinterhauptnaht mit ihnen verbunden; seitlich von ihnen je ein Schläfenbein, durch die Schläfennaht mit ihnen verbunden. An der Stelle, wo Pfeil= und Stirnnaht auf die beiden Enden der Kranznaht (vier Nähte!) treffen, liegt die große oder Stirnfontanelle, eine Knochenlücke von der Gestalt eines Papierdrachens, durch eine sehnige Haut verschlossen.

Der Punkt, in dem die Pfeilnaht auf die Hinterhauptnaht trifft (drei Nähte!), heißt die kleine Fontanelle, keine Knochenlücke. Nur bei frühreifen Kindern, bei denen Nähte und Fontanellen größer sind, ist auch die kleine Fontanelle eine Lücke.

Zur Bestimmung der Kopfgröße denkt man sich folgende Durchmesser durch den Kopf gelegt:

1. Der kleine quere (8 cm lang) von einer Schläfe zur andern.
2. Der große quere (9½ cm) zwischen beiden Scheitelbeinhöckern.
3. Der gerade (12 cm) zwischen Stirn und Hinterhaupthöcker.
4. Der schräge (13½ cm) vom Kinn bis zur Spitze des Hinter=
hauptes.

Der Kopfumfang beträgt 34 cm, die Schulterbreite 12 cm, die Hüftbreite 11 cm.

Die Veränderungen des weiblichen Körpers in der Schwangerschaft.

(§ 134—139).   Die Geschlechtsteile der Frau werden durch die Schwangerschaft ganz allgemein weicher und lockerer durch Vermehrung und Ver= größerung der Blut= und Lymphgefäße. Die großen Schamlippen werden dunkler, die Scheide färbt sich bläulich, wird dehnbarer, schwillt an und sondert reichlicher Schleim ab. Die Gebärmutter= wand verdickt sich durch Neubildung von Muskelfasern, wird aber dann durch die wachsende Frucht stark gedehnt und verdünnt. Die Gebärmutter, die mehr eiförmig wird, steigt allmählich aus dem kleinen Becken in die Höhe bis zum Rippenbogen, so daß man von der Scheide her den Scheidenteil mit dem grübchenförmig gewordenen Muttermund nur noch schwer erreichen kann. Dabei ruht die Gebär= mutter vorn auf den Bauchdecken, mit der linken Seitenkante etwas mehr nach vorn gedreht. Der Gebärmutterhals bleibt zunächst noch hart und wird erst nach dem Verlauf der ersten Schwanger= schaftsmonate weicher. Er bewegt sich nach links, wenn durch rechte Seitenlagerung der Frau der Gebärmuttergrund nach rechts sinkt, und umgekehrt. In dem einen Eierstock bildet sich aus dem Bläschen, in dem das befruchtete Ei gelegen hat, der kirschkerngroße sogenannte gelbe Körper. Die Regel hört nach erfolgter Befruchtung auf. Nur selten zeigt sie sich ganz schwach noch einige Male in den ersten Monaten.

Die starkwachsende Gebärmutter (Leibesumfang am Ende der Schwangerschaft durchschnittlich 100 cm!) beengt natürlich ihre Nach= barorgane, so daß es zu folgenden Druckerscheinungen kommt:

1. Druck auf den Mastdarm, führt zu Stuhlverstopfung.
2. Druck auf die Blase, bedingt häufigen Harndrang.
3. Druck auf die großen Adern, führt zu Behinderung des Blutabflusses aus den Beinen. Infolgedessen kommt es an den Beinen:

a) zu starker Erweiterung, Schlängelung und Knotenbildung der oberflächlichen Blutadern (Kindsadern).

b) zu wäßriger Anschwellung der Knöchelgegenden und Unter=
schenkel.

4. Druck auf die Bauchdecken, veranlaßt ihre starke Dehnung. In=
folgedessen

a) verstreicht allmählich die Nabelgrube und wölbt sich in den
letzten Schwangerschaftsmonaten bläschenförmig vor.

b) reißt die Unterhaut in der zweiten Schwangerschaftshälfte
strichförmig ein, so daß in der Umgebung des Nabels und der weißen
Linie bläuliche oder bräunliche Streifen entstehen (Schwangerschafts=
streifen). Im Wochenbett werden sie weiß und runzelig. Sie zeigen
sich übrigens bei jeder starken Dehnung der Bauchdecken, z. B. bei
der Bauchwassersucht.

5. Druck auf Magen und Zwerchfell, erschwert die Atmung.

Die Brüste schwellen in der Schwangerschaft an, so daß man
die einzelnen Läppchen als Knötchen durchfühlen kann und sich auch
hier in der Haut Schwangerschaftsstreifen bilden. Aus den Warzen ent=
leert sich sehr bald eine wäßrige Flüssigkeit mit gelben Punkten oder
Streifen, das Kolostrum, aus dem später die Milch wird. — Am
Nabel, in der weißen Linie, an den Warzenhöfen und im Gesicht
treten bräunliche Färbungen auf, die aber im Wochenbett wieder
verschwinden. —

Der Magen der Frau wird auch in Mitleidenschaft gezogen, in=
dem sich besonders morgens, gewöhnlich nach dem ersten Ausbleiben
der Regel, Übelkeit oder gar Erbrechen einstellt. Diese Störung
verschwindet gewöhnlich in der Mitte der Schwangerschaft. Bisweilen
beobachtet man auffallende Gelüste, z. B. Appetit auf saure Speisen
oder gar auf Kreide.

Von sonstigen Veränderungen wären noch zu erwähnen: Kopf=
und Zahnschmerzen, Schmerzen in den Beinen, Herzklopfen, Wallungen,
Gröberwerden der Gesichtszüge, Veränderungen der Gemütsstimmung,
die in der ersten Schwangerschaftshälfte traurig und bedrückt, in der
zweiten Hälfte dagegen froher und zuversichtlicher zu sein pflegt.

Die geburtshilfliche Untersuchung.

Man unterscheidet die „äußere Untersuchung" des Leibes, (§ 140—143.)
die wir bei der Schwangeren, Gebärenden und Wöchnerin vornehmen,
von der „inneren Untersuchung" der inneren Geschlechtsteile von
der Scheide aus. Innerlich untersucht werden Schwangere und
Kreißende, Wöchnerinnen aber nur in gerichtlichen Untersuchungsfällen
(§ 272 Seite 86), sonst nie.

Durch die Untersuchung in der Schwangerschaft soll festgestellt werden:

1. Ob die Frau schwanger ist und ob sie Erst= oder Mehrgebärende ist.

2. Wann die Geburt eintreten wird.

3. Wie das Kind liegt und ob es lebt.

Die Ausführung der Schwangerenuntersuchung verläuft folgendermaßen:

1. Entkleiden der Frau und Lagerung auf einem Sofa oder Bett.

2. Händewaschen.

3. Äußere Untersuchung des entblößten Leibes.

4. Waschung der Geschlechtsteile.

5. Gewöhnliche Händedesinfektion.

6. Innere Untersuchung.

Die äußere Untersuchung.

(§ 144—147.) 1. Besichtigung: Die Form und Ausdehnung des Leibes, Schwangerschaftsstreifen, die Form des Nabels, Blutaderknoten und Anschwellungen der Beine, der Zustand der äußeren Geschlechtsteile (Geschwüre, Feigwarzen, Ausfluß), die Größe der Brüste und die Faßbarkeit der Warzen wird dadurch festgestellt.

2. Betastung: Die Hebamme setzt sich auf den Rand des Lagers, das Gesicht der Schwangeren zugekehrt, und führt folgende Handgriffe aus:

a) Erster Handgriff: Die mit den Fingerspitzen zusammengelegten Hände werden flach auf den Leib gelegt, zuerst über der Schoßfuge, dann immer höher hinauf, bis an der leichteren Eindrückbarkeit der Bauchdecken erkennbar wird, daß der höchste Stand des Gebärmuttergrundes erreicht ist. Man mißt dann mit Fingerbreiten ab, wie hoch er über der Schoßfuge oder dem Nabel steht. Zugleich läßt sich durch leichten Druck auf den Gebärmuttergrund feststellen, ob ein Kindsteil und welcher in ihm liegt. Man unterscheidet die großen Kindsteile (Kopf, Steiß und Rücken) von den kleinen (Beine, Arme). Im Gebärmuttergrund liegt meist der Steiß. Er fühlt sich weich und uneben an, während der Kopf hart, rund, glatt und größer ist. Stößt man mit den Fingerspitzen kurz gegen den Gebärmuttergrund, so kann man häufig eine Bewegung des dort befindlichen Kindsteiles wahrnehmen.

b) Zweiter Handgriff: Beide Hände betasten mit den Handflächen von rechts und links her den Bauch, um zu fühlen, was in den Gebärmutterkanten liegt. Gewöhnlich wird man auf der einen

Seite die lange rundliche Walze des Rückens fühlen, die sich bei Druck auf den Gebärmuttergrund noch stärker hervorzuwölben pflegt, während auf der anderen Seite, also der Bauchseite der Frucht, die kleinen eckigen Teile (gewöhnlich sind das die Füße) wahr= zunehmen sind, die sich bisweilen hin= und herbewegen.

c) Dritter Handgriff: Man umgreift mit dem stark gespreizten Daumen und Mittelfinger der rechten Hand die Gegend oberhalb der Schoßfuge, wo gewöhnlich der harte, runde Kopf als vorliegender Kindsteil umfaßt und deutlich gefühlt werden kann. Man erkennt, ob er sich noch verschieben läßt, d. h. ob er noch „beweglich" ist oder schon „fest steht", ferner ob er nur noch schlecht hinter der Schoßfuge gefühlt werden kann, d. h. ob er schon „tief steht." In diesen Fällen wendet man dann besser den vierten Handgriff an.

d) Vierter Handgriff: Die Hebamme steht auf, wendet das Gesicht den Füßen der Frau zu und drängt die Fingerspitzen beider Hände oberhalb der queren Schambeinäste tief zu beiden Seiten in das kleine Becken ein. Sie wird dann auf der einen Seite die gewölbte Stirn, auf der andern das flache Hinterhaupt fühlen und beurteilen können, wie tief der Kopf schon im Becken steht.

Entsteht bei diesen Betastungen eine Verhärtung der Gebär= mutter (Schwangerschaftswehe), dann ist die Untersuchung bis zu ihrem Verschwinden zu unterbrechen. Je runder die Gebärmutter ist, je schlechter die Kindsteile zu fühlen sind, desto größer ist die Menge des Fruchtwassers.

3. Behorchung: Der Bauch der Schwangeren wird mit einem Handtuch bedeckt, und das fest daraufgedrückte Ohr achtet auf folgende Geräusche: 6 Geräusche gibt es.

1. Drei von der Mutter.

a) Zwei regelmäßige:

I. Das Gebärmuttergeräusch, das in den großen Gebärmutter= schlagadern entsteht. Es ist ein Sausen im Takt des mütterlichen Pulses und häufig zu hören.

II. Der Puls der großen Körperschlagader, ein Pochen im Takte des mütterlichen Pulses, seltener hörbar.

b) Ein unregelmäßiges: Gurrende und zischende Darm= geräusche, die durch die Darmbewegung entstehen und nach dem Essen sehr laut sein können, so daß man besser zu solcher Zeit nicht untersucht.

2. Drei vom Kind.

a) Zwei regelmäßige:

I. Die kindlichen Herztöne, beim lebenden Kind vom Ende des 6. Monats an fast immer zu hören. Man hört sie pochen wie das

Ticken einer Taschenuhr, am besten da, wo der kindliche Rücken liegt, 140 mal in der Minute, also viel schneller wie der mütterliche Puls.

II. Das Nabelschnurgeräusch, ein Sausen im Takte der kindlichen Herztöne, sehr selten hörbar. Es entsteht durch Druck auf die Nabel= schnur z. B. bei Nabelschnurumschlingungen.

b) Ein unregelmäßiges: Die Bewegungen der Frucht, bis= weilen als dumpfes Pochen hörbar.

Die innere Untersuchung.

(148—156.)   Die Schwangere spreizt die Beine, setzt die Füße auf und krümmt dabei die Kniee. Dann hält die Hebamme, nach Ausführung der gewöhnlichen Händedesinfektion, die kleinen Schamlippen mit Daumen und Zeigefinger der linken Hand auseinander und bringt mit dem Zeigefinger der rechten Hand in die Scheide ein. Der Daumen ist dabei stark abgespreizt, um die empfindliche Kitzlergegend nicht zu reizen, während der 3.—5. Finger, in die Hohlhand geschlagen, fest gegen den Damm gedrückt werden. Sobald es die Weite der Scheide gestattet, darf auch der dritte Finger mit zur Untersuchung benutzt werden, weil man dann die Teile höher hinauf abtasten kann. Der in die Scheide eingeführte Finger bringt nun langsam an der hinteren Scheidenwand entlang tief in die Geschlechtsteile ein, während der Ellbogen auf das Lager gestützt wird. Die linke Hand wird auf den Leib der Frau gelegt, um die Gebärmutter oder die Kindsteile, wenn nötig, der inneren Hand entgegenzudrücken. Diese Verbindung der äußeren mit der inneren Untersuchung ermöglicht z. B. erst das Fühlen einer noch kleinen Gebärmutter. Durch die innere Untersuchung wird geprüft:

1. Der Scheideneingang (eng oder weit?).

2. Die Scheide (rauh und eng? Erstgebärende! — weit und glatt? Mehrgebärende!).

3. Der Scheidenteil (zapfenförmig? Erstgebärende! — wulstig? Mehrgebärende!).

Er ist etwas härter wie seine Umgebung.

4. Der Muttermund (grübchenförmig und verschlossen? Erstge= bärende! — quergespalten, etwas geöffnet, mit bisweilen narbigen Rändern? Mehrgebärende!). Tieferes Eingehen in den Muttermund ist verboten, dadurch könnte die Geburt eingeleitet werden.

5. Der vorliegende Teil (fest oder beweglich? der harte, runde Kopf oder der weiche, unebene Steiß?). Ist er beweglich und schwer erreichbar, dann soll ihn die äußere Hand ins Becken hineindrücken.

6. Der Vorberg (erreichbar? sicher enges Becken! — nicht er=
reichbar? wahrscheinlich kein enges Becken!).

7. Die Seitenwände des Beckens. (Ist die Bogenlinie zu er=
reichen? Enges Becken.)

Sind Regelwidrigkeiten entdeckt, dann ist die Frau an einen
Arzt zu weisen.

Einige Besonderheiten: Bisweilen fühlt man durch die hintere
Scheidenwand Knollen, die zwar hart sind, sich aber doch kneten lassen.
Das ist Kot, der dann am besten erst durch ein Klystier entfernt
wird. — Ein etwas dickerer Wulst dicht unter dem Schambogen ist
die Harnröhre, ein guter Wegweiser zum vorliegenden Teil, wenn
er schon tiefersteht. Bisweilen machen Scheideneingang und Scheide
einen sehr engen Eindruck. Das bedeutet aber keinen „engen Bau"
der Schwangeren, der nur durch ein enges Becken bedingt sein kann.
Scheide und Scheideneingang können sich bei der Geburt sehr wohl
genügend dehnen. — Selbstverständlich ist die Schamhaftigkeit der
Frau möglichst zu schonen und die Untersuchung nie in Anwesenheit
dritter Personen vorzunehmen. — Festgestellt muß schließlich werden:
Die Zeit der letzten Regel, das Befinden während der Schwangerschaft, der Verlauf früherer Geburten, sowie der Zeitpunkt, wann die
Frau laufen gelernt hat (vgl. § 371 Seite 120).

Die Erkennung der Schwangerschaft.

Es gibt hierfür drei Arten von Zeichen: (§ 157—158.)

1. Sichere Zeichen:

a) Sicher gehörte kindliche Herztöne.

b) Sicher gefühlte kindliche Teile.

c) Sicher gefühlte kindliche Bewegungen; doch muß der Arzt
oder die Hebamme selber diese Bewegungen gefühlt haben, da manche
Frauen, die sich dringend Kinder wünschen, glauben, solche zu ver=
spüren, ohne überhaupt schwanger zu sein. Die sicheren Zeichen
sind erst vom 6. Schwangerschaftsmonate an wahrnehmbar. Eins
davon genügt, um der Frau bestimmt sagen zu können, daß sie
schwanger ist.

2. Wahrscheinliche Zeichen:

a) Das Ausbleiben der Regel. Da bei manchen Krankheiten
(z. B. der Blutarmut) die Regel auch ausbleiben kann, ist das kein
sicheres Zeichen.

b) Die Vergrößerung und Auflockerung der Gebärmutter. Beides
findet sich auch bei Geschwülsten und ist deshalb kein sicheres Zeichen.

c) Die bläuliche Verfärbung der Scheide und das Auftreten des Gebärmuttergeräusches. Beides findet sich nicht regelmäßig, und das Gebärmuttergeräusch ist auch bei manchen Geschwülsten hörbar; deshalb sind beides keine sicheren Zeichen.

d) Die Veränderungen an den Brüsten. Diese finden sich auch bei Nichtschwangeren manchmal zur Zeit der Regel und verschwinden nach dem Wochenbett nicht immer, sind also deshalb keine sicheren Zeichen.

3. Unsichere Zeichen:

a) Übelkeiten.

b) Erbrechen.

c) Gelüste auf besondere Speisen.

Auf diese Zeichen ist gar kein Verlaß.

Je mehr wahrscheinliche Zeichen mit oder ohne unsichere Zeichen sich vorfinden, je genauer z. B. die Gebärmuttervergrößerung der Zeitdauer seit dem Ausbleiben der Regel entspricht, desto wahrscheinlicher wird die Schwangerschaft, sicher wird sie aber nur durch den Nachweis eines sicheren Zeichens.

Die Zeichen der ersten und der wiederholten Schwangerschaft.

(§ 159.) Daß eine Frau Erstgebärende ist, erkennt man an folgenden Zeichen:

1. Die Bauchdecken sind straff und zeigen neben frischen, braunroten Schwangerschaftsstreifen keine alten Streifen.

2. Das Jungfernhäutchen ist an seinem Rand nur eingerissen (infolge des Beischlafes).

3. Der Scheidenteil ist zapfenförmig.

4. Der Muttermund ist grübchenförmig und verschlossen.

5. Die Schamspalte ist geschlossen.

6. Die Scheide ist eng und rauh.

7. Risse finden sich am Damm nicht.

Eine Mehrgebärende erkennt man an folgenden Zeichen:

1. Die Bauchdecken sind meist schlaff und haben neben frischen oft alte Schwangerschaftsstreifen.

2. Das Jungfernhäutchen ist an seinem Ansatz größtenteils abgerissen, so daß nur noch myrtenförmige Warzen zurückgeblieben sind.

3. Der Scheidenteil ist wulstig

4. Der äußere Muttermund ist quergespalten und geöffnet.

5. Die Schamspalte klafft etwas.

6. Die Scheide ist weiter und glatter.

7. Oft sieht man einen alten Riß am Schamlippenbändchen oder Damm.

Die wichtigsten Zeichen sind das Verhalten des Jungfern=häutchens, des Scheidenteiles und des Muttermundes; letzterer wird selbst bei einer Fehlgeburt meist etwas eingekerbt.

Die Zeitrechnung der Schwangerschaft.

Wann die Geburt eintreten wird, stellt man fest: (§ 160—164.)

1. **Durch Befragen der Frau nach**

a) der letzten Regel. Man zählt vom 1. Tag der letzten Regel 3 Monate zurück und 7 Tage hinzu und findet so annähernd den Geburtstermin.

b) dem Tage der Schwängerung. Hat nämlich nur ein Bei=schlaf stattgefunden, dann findet die Geburt meist genau 9 Kalender=monate später statt.

c) Der ersten Wahrnehmung der Kindsbewegungen, welche von einer Erstgebärenden in der 20., von einer Mehrgebärenden in der 18. Woche gefühlt werden.

d) Der Senkung der Gebärmutter nach vorn. Diese im letzten Monat eintretende Veränderung wird von der Schwangeren als ein Freierwerden der Atmung angenehm empfunden.

Punkt c und d sind recht unsichere Anhaltspunkte.

2. **Durch die Untersuchung der Frau.** Folgende Tabelle (Seite 50) gibt Aufschluß über den Untersuchungsbefund in den einzelnen Monaten.

Lebensregeln für Schwangere.

Gut und nützlich für Schwangere ist   (§ 165.)

1. Frische Luft! überhitzte und überfüllte Räume (Theater, Konzerte) sind zu meiden, da Schwangere leicht ohnmächtig werden.

2. Bewegung in vorsichtigen Grenzen, insonderheit Spazieren=gehen. Die übliche Tagesarbeit ist erlaubt. Schweres Heben, Sport=übungen, große Reisen sind verboten.

3. Reinlichkeit: Tägliches Abwaschen der Geschlechtsteile mit Verbandwatte, in der zweiten Schwangerschaftshälfte wöchentlich 1 bis 2 Vollbäder von 35° C. Kalte Bäder, Sitz= und Fußbäder sind ver=boten. Die Brustwarzen sind täglich kalt zu waschen und mit Franz=branntwein abzureiben, damit ihre Haut härter wird.

4. Bequeme Kleidung: Reformtracht, bei der die Last der

	Gebärmutter=grund	Nabel	Sichere Schwangerschafts=zeichen	Scheidenteil		Muttermund		Vorliegender Teil	
				Erstgebärende	Mehrgebärende	Erstgebärende	Mehrgebärende	Erstgebärende	Mehrgebäreud
2. Monat	von außen nicht fühlbar	eingezogen	fehlen	zapfenförmig aufgelockert	wulstig aufgelockert	grübchen=förmig ge=schloffen	quergespalten geöffnet	nicht zu fühlen	nicht zu fühlen
3. Monat	"	"	"	rückt höher	rückt höher	"	"	"	"
4. Monat	über der Schoßfuge zu taften	"	"	"	"	"	"	"	"
5. Monat	Steht in der Mitte zwischen Schoßfuge und Nabel	"	vielleicht teil=weise nach=weisbar	"	"	"	"	"	"
6. Monat	steht am Nabel	"	sicher vor=handen	"	"	"	"	wird fühlbar	wird fühlbar
7. Monat	2 Querfinger über dem Nabel	"	"	"	"	"	"	gut zu fühlen steht beweglich	gut zu fühlen steht beweglich
8. Monat	Mitte zwischen Nabel und Rippenbogen	verstrichen	"	rückt höher und verkürzt sich	rückt höher ohne Ver=kürzung	"	"	"	"
9. Monat	am Rippenbogen	"	"	steht sehr hoch noch ½ cm lang	steht sehr hoch keine Ver=kürzung	"	Halskanal offen bis zum inneren Muttermund	"	"
10. Monat	Mitte zwischen Nabel und Rippenbogen	vorgewölbt	"	rückt tiefer verstrichen	rückt tiefer etwas Verkürzung	öffnet sich kurz vor der Geburt etwas	innerer Muttermund geöffnet	steht fest	bleibt beweglich

Kleider auf den Schultern ruht. Korsett und ringförmige Strumpf=
bänder sind durch ein Leibchen und lange Strumpfhalter zu ersetzen.

5. Die gewohnte Nahrung ohne die schwerer verdaulichen
Speisen (z. B. Kohl, frisches Brot). Etwas Wein oder Bier dürfen
Frauen trinken, die daran gewöhnt sind. Reichlich Obst, Salat, ein
Glas kaltes Wasser, morgens nüchtern getrunken, befördern die Stuhl=
entleerung, der im Notfall durch ein Klystier, nicht durch Abführmittel
nachgeholfen werden darf. Tritt Schwangerschaftserbrechen auf, so
soll das 1. Frühstück eine Stunde vor dem Aufstehen genossen werden. —

Die Gemütsstimmung der Schwangeren ist durch möglichstes
Fernhalten von Schreck, Sorgen und Kummer zu schonen, die Furcht
vor der Entbindung nicht durch die törichte Mitteilung von anderen
schweren Geburten zu vermehren. Die Meinung einer Frau sie
könne sich „versehen", d. h. durch Erschrecken vor einem Gegenstand
Mißbildungen des Kindes veranlassen, ist durch die Erklärung, daß
es ein Versehen nicht gebe, zu überwinden.

Der Beischlaf, selten und vorsichtig ausgeführt, ist in der ersten
Schwangerschaftshälfte erlaubt, in der zweiten verboten.

Dritter Teil

Die regelmäßige Geburt.

Erklärung der Geburt.

(§ 166—169.) Geburt nennt man denjenigen natürlichen Vorgang, bei dem die Frucht mit ihren Hüllen mittels der Wehen und der Bauchpresse von einer Schwangeren durch das Becken und die Geschlechtsteile ausgestoßen wird. Ist hierbei Kunsthülfe erforderlich, so nennt man die Geburt: Künstliche Entbindung. Die regelmäßige Geburt erfolgt in der 40. Woche der Schwangerschaft. Tritt sie später ein, so spricht man von Spätgeburt. (Fehl= und Frühgeburten s. § 293 Seite 96 und § 304 Seite 98 ff.) Gewöhnlich wird ein Kind geboren: Einfache Geburt; zuweilen 2, selten mehrere Früchte: Mehrfache Geburt. Die Geburt dauert mindestens einige Stunden, kann sich aber auch über Tage hinziehen. Demnach ist man gewöhnt, von leichten und schweren Geburten zu reden.

Die Geburtswege.

(§ 170—171.) Man unterscheidet den harten Geburtsweg, das bereits be= sprochene starre, unveränderliche Becken, von dem weichen Geburts= weg: den inneren und äußeren Geschlechtsteilen. Der weiche Ge= burtsweg reicht vom inneren Muttermund bis zur Schamspalte und muß, soll er dem Kinde den Durchtritt gestatten, erst gedehnt werden. Diese Dehnung wird besorgt zunächst von der Eiblase, dann vom vor= liegenden Teil und ist untrennbar mit der Entstehung von folgenden Verletzungen verbunden:

1. Durch die Lösung des Eies wird die ganze Gebärmutterhöhle zu einer großen Wunde.

2. Am äußeren Muttermund entstehen quere Einrisse.

3. In der Scheide wird die Schleimhaut rißartig verletzt.

4. Das Jungfernhäutchen reißt an seinem Ansatz ab.

5. Nicht selten zerreißt das Schamlippenbändchen und der Damm.

Also: der weiche Geburtsweg wird von oben bis unten verwundet, so daß die Gefahr einer Wundinfektion bei jeder Geburt sehr groß ist.

Die Lagen des Kindes.

Die Form, in der das Kind in der Gebärmutterhöhle unterge= (§ 172.) bracht ist, bezeichnet man genauer nach Lage, Stellung und Haltung.

Die Bezeichnung der Lage gibt an, ob das Kind längs oder quer in der Gebärmutter liegt, und welcher Kindsteil unten vor dem Muttermund liegt, d. h. „vorliegt." Demnach teilt man ein:

1. Längslagen.
2. Querlagen.

Die Längslagen wieder teilt man ein in:

a) Kopflagen, nämlich:
    I. Schädellagen.
        1. Hinterhauptslagen (erste Unterarten).
        2. Vorderhauptslagen (zweite Unterarten).
    II. Gesichts= und Stirnlagen.

b) Beckenendlagen, nämlich:
    I. Steißlagen.
    II. Fußlagen.
    III. Knielagen.

Die Schädellage ist die häufigste, da sie auf 100 Geburten 95 mal vorkommt.

Die Bezeichnung der Stellung gibt an, wohin der Rücken der Frucht gerichtet ist. Liegt er nach links: erste Stellung; nach rechts: zweite Stellung. Die erste Stellung ist die häufigste.

Die Bezeichnung der Haltung gibt an, ob die Wirbelsäule der Frucht stark nach vorn gekrümmt ist oder nicht. Danach unter= scheidet man die gebeugte Haltung, bei weitem die häufigste, von der gestreckten, die nur bei Gesichts= und Stirnlagen vorkommt. Bei der gebeugten Haltung ist die Wirbelsäule stark nach vorn gebeugt, das Kinn liegt auf der Brust, die Beine sind an den Leib gezogen, die Arme liegen zwischen Kopf und Beinen auf der Brust.

Lage und Stellung der Frucht wechseln oft, solange sie sich gut bewegen kann, also in der ersten Schwangerschaftshälfte und bei vielem Fruchtwasser.

Die häufigste Lage ist: Schädellage bei erster Stellung und ge= beugter Haltung; kurz ausgedrückt: Erste Schädellage. Nur die Schädel= lagen werden als regelmäßige angesehen, alle anderen als regelwidrige.

Die austreibenden Kräfte.

(§ 173—176.) 1. Die regelmäßigen Wehen sind unwillkürliche Zusammen=
ziehungen des von außen fühlbaren oberen Gebärmutterabschnittes,
der dadurch gleichmäßig hart und dick wird, während der untere Ab=
schnitt, besonders der Gebärmutterhals, stark gedehnt und dünn wird.
Dabei wird die Gebärmutter schmaler und länger, so daß der Grund
etwas höher steigt: „Die Gebärmutter bäumt sich auf", was mit der
aufgelegten Hand gut zu fühlen ist. Die Wehen sind von regel=
mäßigen Erschlaffungen des Gebärmuttermuskels unterbrochen, den
„Wehenpausen". Bei einer Wehe wird der Inhalt der Gebärmutter
nach dem Muttermund zu und schließlich durch die Scheide und
Schamspalte nach außen gepreßt. Dadurch werden Muttermund,
Scheide, Schamspalte und Damm stark gedehnt, was äußerst schmerz=
haft ist. So kann man auch an dem Auftreten dieser Dehnungs=
schmerzen die Wehen beobachten und erkennen:

a) daß eine Wehe langsam anfängt, sehr stark wird und all=
mählich wieder aufhört.

b) daß mit dem Fortschritt der Geburt die Wehen an Kraft
und Häufigkeit zunehmen, während die Wehenpausen kürzer werden.
Schwache Wehen fühlt die Frau nur als ein Hartwerden des Leibes,
stärkere Wehen verursachen Kreuzschmerzen, die in den Unterleib
ausstrahlen.

Die Wehen teilt man ein in

a) Vorhersagende Wehen (Vor= oder Schwangerschaftswehen).
Das sind schwache Wehen in den letzten Schwangerschaftswochen, die
bei Erstgebärenden den Kopf fest auf den Beckeneingang stellen und
den Scheidenteil verkürzen, bei Mehrgebärenden aber nur den Hals=
kanal und inneren Muttermund öffnen.

b) Eröffnende Wehen. Sie leiten die Geburt ein, öffnen Hals=
kanal und Muttermund völlig und sind regelmäßig und schmerzhaft.

c) Treibwehen, die das Kind bis in die Schamspalte treiben,
häufig und sehr schmerzhaft sind.

d) Schüttelwehen, die das Kind durch die Schamspalte treiben
und mit den heftigsten Schmerzen verbunden sind.

e) Nachgeburtswehen, welche die Nachgeburt herausbefördern
und weniger schmerzhaft sind.

f) Nachwehen, die in den ersten Wochenbettstagen auftreten
(§ 224 Seite 74).

2. Die Bauchpresse setzt ein, sobald der Kopf in die Scheide
eingetreten ist, und unterstützt die Treib= und Schüttelwehen, wirkt

also mit bis zur vollendeten Geburt. Folgendermaßen „preßt die Kreißende mit": Sie stemmt die aufgesetzten Beine gegen die Unterlage, ergreift mit den Händen den Bettrand, stellt durch tiefes Atemholen das Zwerchfell tiefer, hält das Zwerchfell durch angehaltenen Atem in dieser Stellung und drückt mit den Bauchmuskeln, als wolle sie Stuhlgang machen. Zuerst preßt die Frau willkürlich mit, am Ende der Geburt ist der Drang zum Mitpressen aber so stark, daß die Bauchpresse unwillkürlich arbeitet.

3. Die Zusammenziehungen der Scheide helfen bei der Ausstoßung der Nachgeburt etwas mit.

Der Verlauf der regelmäßigen Geburt.

Man teilt die Geburt in 3 Perioden ein: (§ 177—180.)

1. Die Eröffnungszeit, in welcher der Muttermund vollständig geöffnet wird. Mit ihr beginnt die Geburt, was man erkennt:

An häufigeren und stärkeren Wehen, die schließlich alle 5—3 Minuten auftreten.

An der während einer Wehe fühlbaren Erweiterung des Muttermundes.

An dem Abheben der Eihäute vom Kopf. —

Dreierlei Veränderungen bringt die Eröffnungszeit mit sich:

a) Die Blase: Durch die Zusammenziehungen der Gebärmutter wird ihr Inhalt, besonders Fruchtwasser und Frucht, zusammengedrückt und weicht deshalb nach der vorhandenen Öffnung, dem Muttermund zu aus. Vor ihm liegen aber die Eihäute, die infolgedessen durch das Fruchtwasser von den nächstliegenden Abschnitten der Gebärmutterwand zusammen mit einer dünnen Schicht der Siebhaut losgerissen und in den Muttermund hinein vorgestülpt werden. Man sagt: Die Blase stellt sich; denn der vorgedrängte Teil der Eihäute, der sich dabei vom Kopf abhebt, heißt: Frucht- oder Eiblase. Wenn sich die Blase stellt, entsteht eine geringe Blutung aus der zerrissenen Siebhaut, die mit dem Schleim des Halskanals zusammen abfließt; man sagt: „Es zeichnet." Während nun in jeder Wehenpause der Druck des Fruchtwassers nachläßt und die Blase erschlafft, wird mit jeder Wehe immer mehr Wasser in die Blase gedrängt, die dadurch größer wird und infolgedessen den Halskanal und den Muttermund immer weiter dehnt. Der nun allmählich tiefer tretende Kopf verhindert schließlich den Rückfluß des Wassers aus der Blase, so daß sie auch in der Wehenpause gespannt bleibt: Die Blase ist springfertig. In der Wehe wird jedoch noch immer etwas Wasser in die

Blase hineingepreßt, bis sie schließlich den wachsenden Druck nicht mehr aushält und einreißt: Die Blase springt. Das vor dem Kopf befindliche Wasser (erstes Wasser, Vorwasser), einige Eßlöffel voll, fließt dann ab, worauf die Wehen meist für kurze Zeit aussetzen. Seltener springt die Blase nach völliger Öffnung des Muttermundes, meist schon, wenn er etwas über die Hälfte erweitert ist. Dann besorgt der Kopf die vollständige Dehnung.

b) Der Muttermund: Er wird durch die Blase und den Kopf langsam erweitert, wobei sein Rand stark verdünnt wird; man sagt: Er wird scharfrandig. Die Weite des Muttermundes bezeichnet man als markstück-, dreimarkstück-, fünfmarkstückgroß, handtellergroß. Schließlich ist die Öffnung vollständig, so daß Scheide und Gebärmutter nicht mehr durch den Muttermundsrand voneinander geschieden werden: Der Muttermund ist „verstrichen."

c) Der Kopf, der bei Erstgebärenden bereits fest auf dem Beckeneingang stand, wird bei Mehrgebärenden von den eröffnenden Wehen fest aufs Becken gestellt und bleibt schließlich auch in der Wehenpause fest. Nach dem Blasensprung rückt er nur wenig vor, soweit ihm das eben die Muttermundsöffnung gestattet. Man sagt: Der Kopf steht in der Krönung. Erst wenn der Muttermund „vollständig" ist, kann er ihn passieren und in die Scheide treten. Damit beginnt

2. Die Austreibungszeit, in der die Frau mitpreßt (§ 174, Seite 55). Der Kopf rückt in der Scheide langsam tiefer, preßt dabei die Harnröhre zu, so daß die Frau keinen Urin mehr lassen kann, drückt auf den Mastdarm, so daß die Kreißende Stuhlgang verspürt, und kommt schließlich auf dem Beckenboden an. Der Damm wird jetzt vorgewölbt und stark gedehnt, zugleich beginnen die Schamlippen zu klaffen, zwischen denen der Kopf sichtbar wird, in der Wehenpause aber wieder verschwindet: „Der Kopf schneidet ein." Der After wird stark nach vorne gezogen, geöffnet und entleert häufig etwas Kot. Nicht selten beobachtet man jetzt Wadenkrämpfe. Sobald der Kopf auch in der Wehenpause zwischen den Schamlippen sichtbar bleibt, sagt man: „Der Kopf steht im Durchschneiden". Die Kraft, Häufigkeit und Schmerzhaftigkeit der Wehen hat ihren Höhepunkt erreicht, bis der Kopf endlich geboren wird: „Der Kopf schneidet durch." Bei der nächsten Preßwehe wird gewöhnlich ohne Schwierigkeit der übrige Kindskörper geboren, dem das bis jetzt zurückgehaltene „zweite Wasser" (Nachwasser) und etwas Blut aus den Geburtswunden folgt. Durch den Nabelstrang steht aber das Kind noch mit der Mutter in Verbindung.

3. In der Nachgeburtszeit verkleinert sich die Gebärmutter

stark. Da der Mutterkuchen sich aber nicht ebenso zusammenziehen kann, hebt er sich mit seiner Mitte von der Gebärmutterinnenfläche ab. Dabei entsteht aus den zerrissenen mütterlichen Adern ein Bluterguß zwischen ihm und der Gebärmutterwand, der die Nachgeburtslösung begünstigt. Die nun einsetzenden Nachgeburtswehen, bei denen stoßweise etwas Blut abfließt, drängen den Mutterkuchen immer weiter nach unten, bis er schließlich nach 15—20 Minuten völlig gelöst ist, in die Scheide fällt und mit Hilfe der Bauchpresse, der Zusammenziehungen der Scheidenwände und infolge seiner eigenen Schwere gänzlich ausgestoßen wird, die Eihäute, die sich in der Schicht der Siebhaut lösen, hinter sich herziehend. Infolge der jetzt eintretenden festen Zusammenziehung der Gebärmutter werden die mütterlichen Blutgefäße zugedrückt, so daß eine weitere Blutung nicht erfolgen kann. Die einzelnen Abschnitte der Nachgeburtslösung kann man am Hochstand der Gebärmutter folgendermaßen erkennen:

a) Gebärmuttergrund am Nabel: Das Kind ist eben geboren.

b) Gebärmuttergrund etwas (meist 2 Querfinger) über dem Nabel: Die Nachgeburt liegt gelöst in der Scheide.

c) Gebärmuttergrund handbreit über der Schoßfuge, hart und kugelig: Die Nachgeburt ist geboren.

Nach der nun beendeten Geburt friert die Frau gewöhnlich etwas, was sich aber bis zum Schüttelfrost steigern kann. Diese Erscheinung ist jedoch bedeutungslos.

Geburtsdauer. (§ 181.)

Je stärker die Wehen, je kleiner das Kind, je weiter die Geburtswege, desto kürzer die Geburt. Man rechnet bei Erstgebärenden durchschnittlich:

Im ganzen 18 Stunden, lange Eröffnungszeit, $1^1/_2$—2 Stunden Austreibungszeit.

Bei Mehrgebärenden:

Im ganzen 12 Stunden, kürzere Eröffnungszeit, 1 Stunde und weniger Austreibungszeit.

Bei beiden ist die Nachgeburtszeit am kürzesten.

Einfluß der Geburt auf Mutter und Kind. (§182—183.)

1. Die Mutter wird durch die regelmäßige Geburt wie durch eine schwere Arbeit körperlich erschöpft. Der Puls steigt bei jeder Wehe etwas an, der weiche Geburtsweg erfährt zahlreiche Verletzungen (§ 171, Seite 52).

2. Das Kind erfährt bei jeder Wehe eine Verlangsamung seiner Herztöne z. B. von 140 auf 120, die sich in der Wehenpause aber

wieder ausgleicht. Das kommt folgendermaßen zustande: Bei jeder Wehe, besonders nach dem Blasensprung, verkleinert sich die Gebär=mutter, so daß die mütterlichen Blutgefäße etwas zugedrückt werden und weniger Blut, also auch weniger Sauerstoff, zum Mutterkuchen bringen. Somit erhält das Kind weniger Sauerstoff wie in der Wehenpause, was eine Verlangsamung seiner Herztöne verursacht. Je mehr Fruchtwasser beim Blasensprung abgeflossen ist und je stärker die Wehen sind, desto stärker wird auch die Verkleinerung der Ge=bärmutter bei einer Wehe sein, desto weniger Sauerstoff erhält das Kind und desto langsamer werden folglich seine Herztöne werden. In der Eröffnungszeit vor dem Blasensprung wird die Verlangsamung also auch geringer sein wie nach dem Blasensprung in der Aus=treibungszeit. Ferner: Je weniger Fruchtwasser beim Blasensprung abfließt, desto geringer ist die Verkleinerung der Gebärmutter und damit die Verlangsamung der Herztöne.

Bei sehr starken Wehen (§ 357, Seite 115) und bei langer Aus=treibungszeit (§ 354, Seite 113) kann die Sauerstoffzufuhr infolge zu starker Verkleinerung der Gebärmutter derartig behindert sein, daß die Herztöne in der Wehenpause langsamer bleiben. Dann ist das Kind in Erstickungsgefahr (§ 457, Seite 138).

Die Art des Durchtrittes des Kindes durch das Becken.
(Der Geburtsmechanismus.)

(§ 184.) 1. Wenn die Wehen den Kindskörper vorschieben, so drängt die Wirbelsäule den Kopf vor sich her. Da sie näher am Hinterhaupt als am Vorderhaupt ansetzt, wird das Hinterhaupt mit der kleinen Fontanelle zuerst tiefer treten müssen, und der Kopf wird stärker ge=beugt. Die kleine Fontanelle ist also der tiefste Punkt des Kinds=körpers, sie geht voran.

2. Da der verfügbare Raum im Becken klein ist, muß das Kind ihn voll ausnutzen. Das geschieht so, daß sich der Kopf, die Schulter= und Hüftbreite mit ihren größten Durchmessern in den einzelnen Beckenabschnitten in deren größte Durchmesser einstellen, also im Beckeneingang in den queren, in der Beckenhöhle in den schrägen, im Beckenausgang in den geraden. Also drehen sich Kopf, Schulter= und Hüftbreite durch das Becken hindurch, bis sie auf dem Beckenboden angelangt sind, und zwar so, daß die Schulter= und Hüftbreite, so=bald der Kopf geboren ist, durch den entgegengesetzten schrägen Durch=messer wie der Kopf gehen, weil sich dessen größter Durchmesser, der gerade, mit der Schulter= und Hüftbreite kreuzt. Daß Schulter=

und Hüftbreite auch erst im queren, dann im schrägen und schließlich im geraden Durchmesser das Becken passieren, erkennt man an dem bereits geborenen Kopf, der zuerst nach der Unterlage der Frau sieht, sich aber bei der Geburt des Rumpfes zur Seite dreht.

3. Sobald der Kopf im geraden Durchmesser des Beckenausgangs steht, muß er nach vorn durch die Schamspalte abweichen, weil das Becken nach unten verschlossen ist. Zu dem Zwecke wird die gebeugte Kopfhaltung etwas gestreckt, wobei sich der Nacken an die Schoßfuge anstemmt. So kommt es, daß zuerst das vorangehende Hinterhaupt, dann das Vorderhaupt, schließlich die Stirn und das Gesicht über den Damm schneiden.

Veränderungen des Kindskopfes durch die Geburt. (§ 185—186.)

Da die Schädelknochen durch sehnige Häute beweglich miteinander verbunden sind, erfährt der Kopf durch den Geburtsdruck folgende Veränderungen.

1. Die Knochen werden in querer Richtung zusammengeschoben, so daß das eine Scheitelbein, meist das vordere, welches man durch den Muttermund zuerst fühlt, und welches deshalb das „vorliegende" heißt, über das andere geschoben wird, während sich beide Scheitel= beine wieder vorn und hinten über die Stirnbeine und das Hinter= hauptbein schieben.

2. Durch den Druck in querer Richtung wird der Kopf im ge= raden Durchmesser länger: Er wird „ausgezogen."

3. Infolge der Verschiebung der Scheitelbeine übereinander wird die Kopfhaut für den Kopf zu groß, so daß sie sich in der Längs= richtung faltet. Das kann man beim Ein= und Durchschneiden des Kopfes oft sehen.

Eine andere, durch den Geburtsdruck entstehende Erscheinung ist die wäßrige Anschwellung desjenigen Teiles der Kopfhaut über dem vorliegenden Scheitelbein, der im Muttermund liegt und deshalb nach dem Blasensprung von dem Geburtsdruck freibleibt: Kopfgeschwulst genannt, die also auch erst nach dem Blasensprung entsteht. Je länger die Austreibungszeit, je stärker der Wehendruck, je größer der Widerstand des Beckens, desto größer wächst die Kopfgeschwulst. Tote Kinder haben keine Kopfgeschwulst; bei solchen, die schnell nach dem Blasensprung geboren werden, kann sie fehlen. Alle genannten Ver= änderungen am kindlichen Kopf verschwinden in den ersten Wochen= bettstagen.

Einteilung der Schädellagen.

(§ 187.)   Die Schädellagen werden nach der Stellung des Rückens, der die Stellung der kleinen Fontanelle gleich ist, folgendermaßen eingeteilt:

I. Schädellage 1. Unterart: Rücken links vorn, die kleine Fontanelle hat sich von links seitlich nach links vorn gedreht, das Hinterhaupt geht voran: I. Hinterhauptlage.

I. Schädellage 2. Unterart: Rücken links hinten, die kleine Fontanelle hat sich von links seitlich nach links hinten gedreht, das Vorderhaupt geht voran: I. Vorderhauptlage.

II. Schädellage 1. Unterart: Rücken rechts vorn, die kleine Fontanelle hat sich von rechts seitlich nach rechts vorn gedreht, das Hinterhaupt geht voran: II. Hinterhauptlage.

II. Schädellage 2. Unterart: Rücken rechts hinten, die kleine Fontanelle hat sich von rechts seitlich nach rechts hinten gedreht, das Vorderhaupt geht voran: II. Vorderhauptlage.

Bei allen Kopflagen liegt, wenn der Rücken links steht, die rechte Seite, wenn der Rücken rechts steht, die linke Seite vor (also die ungleichnamige Seite liegt vor! vergl. § 320, S. 104!). Also ist z. B. bei allen I. Schädellagen das rechte Scheitelbein das vorliegende.

Erkennung und Verlauf der Schädellagen.

(§ 188—189.)   Die Hinterhauptlagen sind viel häufiger wie die Vorderhauptlagen, am häufigsten die erste Hinterhauptlage. Selbst wenn der Rücken anfangs nach hinten steht, so daß sich eine Vorderhauptlage entwickeln müßte, dreht sich doch meist Rücken und kleine Fontanelle schließlich noch nach vorn, so daß eine Hinterhauptlage zustande kommt. Also sind die Vorderhauptlagen selten, bei großem Kinde sind sie auch ungünstiger für Mutter und Kind.

Wie die Geburt bei den Schädellagen verläuft, geht aus der Beschreibung des Geburtsmechanismus hervor (§ 184, S. 58); nur ist hinzuzufügen, daß bei den Vorderhauptlagen die Gegend oberhalb der Stirnhöcker sich gegen die Schoßfuge stemmt, wie sich bei Hinterhauptlagen der Nacken dagegen stemmt, und daß bei ihnen zuerst die Gegend der großen Fontanelle geboren wird; dann schneidet das Hinterhaupt über den Damm, worauf auch das Gesicht hervortritt. Die Untersuchungsbefunde bei den verschiedenen Schädellagen in den einzelnen Geburtsabschnitten sind aus folgenden Tabellen ersichtlich.

1. Äußere Untersuchung: Man findet bei:

	1. Kopf	2. Rücken	3. Steiß	4. Kleine Teile	5. Herztöne
Erster Schädel=lage 1. und 2. Unterart	Oberhalb der Schoßfuge	links	Im Mutter=grund	Rechts oben neben dem Steiß	Links unterhalb des Nabels
Zweiter Schädel=lage 1. und 2. Unterart	"	rechts	"	Links oben neben dem Steiß	Rechts unterhalb des Nabels

2. Innere Untersuchung:

Stand		der Pfeilnaht	der kleinen Fontanelle	der großen Fontanelle	der Schulter= u. Hüftbreite
im Becken=eingang bei	I. Schädellage 1. Unterart	quer	links seitlich	rechts seitlich	quer
	" " 2. "	"	"	"	"
	II. " 1. "	"	rechts seitlich	links seitlich	"
	" " 2. "	"	"	"	"
in der Becken=höhle bei	I. Schädellage 1. Unterart	im rechten schrägen Durch=messer	links vorne	rechts hinten	im linken schrägen Durch=messer
	" " 2. "	im linken schrägen Durch=messer	links hinten	rechts vorne	im rechten schrägen Durch=messer
	II. " 1. "	"	rechts vorne	links hinten	"
	" " 2. "	im rechten schrägen Durch=messer	rechts hinten	links vorne	im linken schrägen Durch=messer
im Becken=ausgang bei	I. Schädellage 1. Unterart	gerade	Unter der Schoßfuge	Am Kreuzbein	gerade
	" " 2. "	"	Am Kreuzbein	Unter der Schoßfuge	"
	II. " 1. "	"	Unter der Schoßfuge	Am Kreuzbein	"
	" " 2. "	"	Am Kreuzbein	Unter der Schoßfuge	"

3. Vorliegendes Scheitelbein und Sitz der Kopf=
geschwulft:

Bei	liegt vor	sitzt die Kopfgeschwulst
I. Schädellage 1. Unterart	das rechte Scheitelbein	auf dem rechten Scheitelbein hinten
„ „ 2. „	„ „ „	„ „ „ „ vorne
II. „ 1. „	das linke Scheitelbein	„ „ linken „ hinten
„ „ 2. „	„ „ „	„ „ „ „ vorne

Infolge des Durchtrittes der Schultern durch die verschiedenen
Beckendurchmesser dreht sich der bereits geborene Kopf so, daß das
Gesicht wieder nach der Seite hinsieht, nach der es schon im Mutter=
leibe sah. Also bei allen I. Kopflagen wendet sich das Gesicht
zum rechten, bei allen II. Kopflagen zum linken Schenkel der
Mutter.

Über die Verschiebung der Scheitelbeine s. § 186 Seite 59.

Die Leitung der regelmäßigen Geburt durch die Hebamme.

I. Vorbemerkungen.

(§ 190—194) Die Hebamme darf nur regelmäßige Geburten leiten. Erkennt
sie Regelwidrigkeiten, so übergibt sie die Geburtsleitung dem Arzt,
dessen gehorsame und verschwiegene Gehülfin sie dann wird. Soll
auch zu einer regelmäßigen Geburt ein Arzt zugezogen werden, so
darf sie sich dem nicht widersetzen. Die Hebamme hat folgende
Dinge in einer Tasche mit sich zu führen, die nach jeder Geburt
sogleich wieder in Ordnung gebracht wird, damit sie stets bereit ist:

1. Eine große weiße Schürze, die den ganzen Körper bedeckt, die
Unterarme aber frei läßt.

2. Ein Fieber= und ein Badethermometer.

3. Einen Pulszähler (Sanduhr).

4. Seife in einer Büchse.

5. Eine große Wurzelbürste für Seife und eine kleinere für
Sublimat in wasserdichten Beuteln (§ 113,6 Seite 34).

6. Eine Nagelschere.

7. Einen Nagelreiniger.

8. Zwei reine Handtücher.

9. Ein festverschlossenes Glas mit 10—15 Sublimatpastillen.
(§ 114, Seite 34).

10. Eine Flasche mit 100 g 85 proz. Weingeist (Alkohol).

11. Eine Flasche mit 100 g Kresolseife und der Aufschrift: „Vorsicht! Kresolseife! Nur gehörig verdünnt und nur äußerlich zu gebrauchen".

12. Ein Meßglas mit Marken für 5,10 und 20 Gramm.

13. Zwei Päckchen Wundwatte mit je 50 Gramm.

14. Eine Spülkanne (Irrigator) von 1 Liter Inhalt mit Marke für ½ Liter. Dazu einen roten Schlauch für Scheidenspülungen (§ 94 Seite 27) und in einem besonderen Beutel einen schwarzen Schlauch mit Zwischenstück und Hahn für Klystiere (§ 93 Seite 26).

15. Ein gläsernes Mutterrohr und ein gläsernes Afterrohr.

16. Einen Katheter in einer Blechbüchse. (§ 92 Seite 25).

17. Eine Nabelschnurschere.

18. Ein Stück Nabelband (½ cm breites, weißes Leinenband) in einer Glasdose oder Metallbüchse.

19. Ein Zentimetermaß.

20. Eine gutverschlossene Flasche mit 20 g Hoffmannstropfen.

21. Ein dunkelfarbiges Tropfglas mit 5 g 1 proz. Höllenstein=lösung, die zu erneuern ist, sobald sie sich trübt.

22. Zwei Blechbüchsen mit je 6 Wattetampons (§ 95 Seite 27).

23. Einen nahtlosen Gummihandschuh (Größe 3) in einem Leinen=beutel. Zur Prüfung auf seine Dichtigkeit füllt man ihn kurz vor dem Gebrauch mit Sublimat. Hat er ein Loch, so fließt das Sublimat im Strahl heraus.

Die beiden Irrigatorschläuche werden zur Desinfektion in Kresol=seifenlösung gelegt; alle andern zu desinfizierenden Dinge werden ausgekocht.

Erlebt die Hebamme beim Kauf der Tasche oder einzelner Be=standteile Schwierigkeiten, so hole sie sich Rat beim Kreisarzt.

II. Vorbereitung zur Geburtsleitung.
(Untersuchung der Kreißenden.)

Wird die Hebamme zur Geburt gerufen, so zieht sie ein Wasch= (§ 195—202.) kleid mit emporstreifbaren Armeln an, wäscht sich gründlich die Hände und geht dann unverzüglich zur Kreißenden, die sie vor Beendigung der Geburt nicht mehr verlassen darf. In nachstehender Reihenfolge hat die Hebamme ihre Verrichtungen zu erledigen:

1. Sie fragt, ob die Blase schon gesprungen ist, um sich schnell, sollte das der Fall sein, für das Ende der Geburt, den Dammschutz, zu desinfizieren. Meist wird es weniger eilig sein. Dann:

2. Legt sie der Frau das Fieberthermometer in die Achselhöhle;

denn es ist später oft sehr wichtig zu wissen, wie hoch die Körper=
temperatur der Kreißenden war, als die Hebamme die Geburt
übernahm.

3. Jetzt werden die zur Desinfektion vorgeschriebenen Schalen
aufgestellt und gefüllt, dazu eine Schale zum Säubern der Geschlechts=
teile der Frau. Währenddessen erkundigt sich die Hebamme nach
allem Wissenswerten: Nach dem Alter der Frau, wann sie als Kind
laufen gelernt hat (§ 363 Seite 116), nach der letzten Regel und dem
Eintritt der Wehen, ob sie Erst= oder Mehrgebärende ist und, wenn
letzteres der Fall ist, wie die früheren Geburten verlaufen sind.
(§ 371 u. 372, Seite 120).

4. Gründliches Waschen der Hände mit Wasser und Seife.
Ablesen des Thermometers.

5. Äußere Untersuchung, wie sie bei der Schwangerschaftsunter=
suchung gelehrt wurde (§ 144—147, Seite 44). Hierdurch soll fest=
gestellt werden:

a) Die Lage des Kindes mittels der 4 Handgriffe.

b) Das Leben des Kindes mit Hilfe der Herztöne. Der Ort,
wo sie am deutlichsten hörbar sind, ist gut zu merken.

c) Der Tiefstand des Kopfes mit dem 4. Handgriff.

6. Sodann werden die Geschlechtsteile, die Innenseite der Ober=
schenkel und der Bauch bis zum Nabel mit Wasser und Seife ge=
waschen und mit Watte abgetrocknet. Besser ist natürlich, wenn
vorhanden, ein Vollbad mit besonderer Seifung der Geschlechtsteile
zu geben.

7. Hierauf wird der Kreißenden reine Wäsche (Hemd, Jacke,
Strümpfe) angezogen, das Haar wird geordnet, ein Klystier verabfolgt
und zur Stuhlentleerung die Frau auf die Bettschüssel, einen Nacht=
topf oder Eimer, niemals aber auf den Abtritt gesetzt. Die Geburt
könnte überraschend schnell eintreten und dann das Kind im Abort
verunglücken.

8. Lagerung der Frau für die innere Untersuchung.

9. Verschärfte Händedesinfektion.

10. Innere Untersuchung, die unterbleiben darf, wenn die Heb=
amme 8—14 Tage vor der Geburt die Frau innerlich untersucht und
den Kopf feststehend gefunden hat. Ganz allgemein gelten folgende
3 Regeln für die innere Untersuchung während der Geburt wegen
der mit der Untersuchung verbundenen großen Gefährdung der
Kreißenden:

a) So selten wie möglich innerlich untersuchen.

b) Nur nach verschärfter Händedesinfektion untersuchen.

c) Hat die Hebamme kurz vorher ansteckungsfähige Stoffe be=
rührt, dann nur äußerlich untersuchen. Wird eine innere Untersuchung
notwendig, dann Arzt! über Notfälle § 482a, Seite 146.

Feststellen soll die Hebamme durch die innere Untersuchung
folgendes:

a) Die Größe des Muttermundes und die Beschaffenheit seiner
Ränder.

b) Ob die Blase noch steht, und ob sie etwa schon springfertig ist.

c) Ob ein Teil im Muttermund vorliegt, welcher es ist und wie
tief er bereits steht. Letzteres kann sie erkennen

I. am Kreuzbein. Je mehr sie davon noch abtasten kann, desto
höher steht der vorliegende Teil,

II. an der kleinen Fontanelle. Je weiter sie sich nach vorn gedreht
hat, desto tiefer steht der Kopf.

Verboten ist bei der inneren Untersuchung

a) Stärkerer Druck gegen die Eiblase; sie könnte vorzeitig
springen. (§ 386, Seite 123.)

b) Zerren und Dehnen am Muttermund. Krampfwehen würden
die Folge sein. (§ 357, Seite 115.)

c) Abdrängen des vorliegenden Teiles aus dem Beckeneingang.
Die Nabelschnur könnte vorfallen. (§ 347, Seite 111).

Untersucht die Hebamme vor dem Blasensprung, so wird sie doch
am Kopf Nähte und wenigstens eine Fontanelle finden. Nur das
Fühlen einer Naht oder Fontanelle berechtigt zu dem Ausspruch:
Der Kopf liegt sicher vor. Wurde der Kopf nicht sicher gefühlt,
dann soll nach dem Blasensprung nochmals untersucht werden.
Jetzt braucht weder die Blase geschont zu werden, so daß sich der
vorliegende Teil kräftiger abtasten läßt, noch stört die erst allmählich
entstehende Kopfgeschwulst beim Fühlen.

Untersucht die Hebamme erst einige Zeit nach dem Blasensprung,
dann ist die Kopfgeschwulst oft recht hinderlich. Dann soll der unter=
suchende Finger die weiche Kopfgeschwulst umkreisen, ob sich so vielleicht
Nähte oder Fontanellen finden lassen. Gelingt das nicht, dann Arzt!

Nach fertiger Untersuchung ist der Finger zu betrachten, ob
Schleim, Blut oder Kindspech an ihm haftet, worauf die Hände ge=
waschen und mit Sublimat abgebürstet werden.

Zum Schluß hat die Hebamme zu entscheiden:

Liegt der Schädel fest vor? Dann ist die Geburt, wenn nicht
andere Regelwidrigkeiten entdeckt wurden, eine zunächst regelmäßige
und wird von der Hebamme selbst geleitet.

In jedem andern Falle: Arzt!

Ist die Geburt als regelmäßige erkannt, dann wird überhaupt nicht mehr innerlich untersucht, desto öfter dagegen äußerlich, besonders mit dem 4. Handgriff der Tiefstand des Kopfes. Auch zeigen die Preßwehen den Beginn der Austreibungszeit an, der etwa auftretende Stuhldrang und die Vorwölbung des Dammes das baldige Einschneiden des Kopfes.

III. Die eigentliche Geburtsleitung.

1. Eröffnungszeit.

(§ 203—207.) Die Frau darf bei feststehendem Kopf so lange außer Bett bleiben und umhergehen, bis die Wehen stärker werden. Wird die Blase springfertig gefunden, so bleibt die Frau gleich im Bett liegen, das ebenso wie ein Krankenbett eingerichtet sein soll (§ 73, Seite 20). Wesentlich ist, daß die Matratze nicht zu weich ist, damit der Steiß nicht einsinkt, und daß sich unter der Steißgegend ein großes Stück wasserdichten Stoffes, bedeckt mit einer reinen Unterlage, befindet, damit die Matratze nicht naß wird. Muß die Frau im Bett bleiben, so kann sie liegen, wie es ihr bequem ist, wenn der Kopf schon feststeht. Ist er jedoch noch beweglich oder zögert die kleine Fontanelle tiefer zu treten, dann gilt folgende Regel: Man lagert die Frau auf die Seite, wo der Teil steht, der ins Becken tiefer und nach vorn treten soll, also z. B. bei I. Schädellage 2. Unterart auf die linke Seite, damit sich die links hinten stehende kleine Fontanelle noch nach vorn dreht. Bei der Seitenlagerung sinkt bekanntlich (§ 45 u. 134, Seite 14 u. 42) der Gebärmuttergrund auf die gleiche Seite, während der Halskanal mit dem vorliegenden Teil sich nach der entgegengesetzten Seite bewegt. Dabei rückt das Hinterhaupt etwas von der Beckenwand ab, kann sich infolgedessen besser bewegen und dreht sich dann leichter nach vorn (vergl. § 285, Seite 91). — Beim Blasensprung achte die Hebamme genau darauf, ob sich im Fruchtwasser Kindspech befindet, was sie an seiner grünlichen Farbe erkennt (§ 354 u. 458, Seite 114 u. 138).

Vorzubereiten hat die Hebamme in der Eröffnungszeit folgendes:

a) Genügend heißes und kaltes Wasser bereitstellen.

b) Reine Handtücher, Unterlagen, Kinderwäsche und mehrere Windeln zurechtlegen.

c) Die Badewanne für das Kind herbeiholen und einen Platz für das Neugeborene aussuchen (vergl. § 462, Seite 139).

d) Neben das Bett eine Schale mit 1 proz. Kresolseifenlösung stellen. Hinein kommt Watte zum Abwischen der Geschlechtsteile, das Mutterrohr, die Nabelschnurschere und das Nabelband.

Es ist vorteilhaft, wenn sich die Hebamme schon in der Schwanger=
schaft mit dem Hauswesen der Frau bekannt machen konnte. Gerät=
schaften, Wäsche und dergleichen lassen sich dann unter der Geburt
leichter herbeischaffen. Ferner ist die Anwesenheit einer helfenden
Frau äußerst ratsam.

2. Austreibungszeit.

Sobald die Frau Drang zum Mitpressen verspürt, soll sie sich (§ 208—214.)
auf den Rücken legen, weil sie dann besser pressen kann. Sucht sie
nach einer Handhabe, so gebe man ihr 2 Handtücher, die an den
unteren Bettpfosten befestigt sind, um sich daran zu halten. Bevor
wirklicher Drang zum Mitpressen auftritt, darf die Frau nicht pressen,
weil sie noch in der Eröffnungszeit steht. Dann ist die Anwendung
der Bauchpresse nicht nur zwecklos, sondern sogar schädlich: Die Blase
könnte vorzeitig springen, und die Kreißende würde ermüden, noch ehe
die eigentliche Geburtsarbeit begonnen hat.

Guter Zuspruch, Ermahnung zur Geduld, Ordnen des Bettes,
Stützen des Kreuzes mit der Hand während einer Wehe sind die
Hülfsmittel, mit denen die Hebamme der von Schmerzen geplagten
Frau zu helfen suchen soll. Nahrung wird selten gewünscht, um so
mehr Wasser, Milch oder Kaffee gegen den meist starken Durst. Auch
Bouillon und etwas Wein mit Wasser darf gereicht werden. Tritt
ein Wadenkrampf auf, so wird der Fußballen des betreffenden Beines
mit der vollen Hand nach dem Unterschenkel zu aufwärts gedrückt.
Drei Dinge aber sind von großer Wichtigkeit während der Aus=
treibungszeit:

a) Die Temperaturmessung der Frau. Sie allein gibt
Aufschluß über das Befinden der Kreißenden, niemals deren Jammern
und Klagen. Steigt das Thermometer über 38⁰, dann Arzt!

b) Die Beobachtung der kindlichen Herztöne. Nur sie
sind ein Zeichen für das Befinden des Kindes. Bei Verlangsamung
der Herztöne in der Wehenpause: Arzt!

c) Die Harnblase der Frau. Erkennt man an einer stärkeren
Vorwölbung dicht über der Schoßfuge ihre Füllung, so soll die Frau
Urin lassen, damit nicht etwa Wehenschwäche eintritt. Gelingt das
Urinlassen nicht mehr, dann hat die Hebamme zu katheterisieren.

Beginnt am Ende der Austreibungszeit das Einschneiden des
Kopfes, dann hat die Hebamme zur Ausführung des Dammschutzes
die gewöhnliche Desinfektion vorzunehmen.

Der Dammschutz wird ausgeführt, um einem Einreißen der
engen Schamspalte nach dem After zu, einem Dammriß, vorzubeugen.

Dies gelingt am besten, wenn der Kopf langsam und mit seinem kleinsten Durchmesser durch die Schamspalte tritt. Letzteres geschieht, wenn zuerst das Hinterhaupt und dann erst das Vorderhaupt geboren wird. Das erreicht man auf folgende Weise:

Die Kreißende legt sich mit gekrümmten Knieen in Seitenlage dicht an den Bettrand, das Gesäß dem Rande zugekehrt möglichst weit nach außen. Zwischen die Kniee und Oberschenkel der Frau wird ein Kissen gelegt. Dann reinigt die Hebamme den Damm mit Watte und Kresolseifenlösung, bürstet sich nochmals die Hände mit Sublimat und schiebt dann, am Rücken der Frau stehend, die eine Hand von vorn her durch die Schenkel und drückt mit den Fingern das kindliche Hinterhaupt nach dem Damm zu, während die andere Hand mit ab=gespreiztem Daumen sich so auf den Damm legt, das Schamlippen=bändchen freilassend, daß sie das noch ungeborene vom Damm be=deckte Vorderhaupt gewissermaßen umgreift. Diese Hand hält dann während einer Wehe das Vorderhaupt etwas zurück, so daß der Kopf langsam durchtritt, während jene dem Hinterhaupt den Durchtritt erleichtert, so daß es zuerst geboren wird. Um einen langsamen Durchtritt zu erreichen, darf die Kreißende bei der Wehe nicht mit=pressen. Da ihr das aber wegen des heftigen Dranges dazu oft kaum möglich ist, soll man sie schnell aus= und einatmen lassen. Dann kann sie nicht pressen. Besonders notwendig ist dies beim Durch=schneiden des Vorderhauptes. Ist dieses geboren, so schiebt man das Schamlippenbändchen nach dem Gesicht zu zurück, worauf der Kopf vollends heraustritt.

Der Dammschutz läßt sich auch in Rückenlage ausführen. Man erspart dann der Frau die später nötige, nicht ungefährliche Um=lagerung (§ 456 Seite 137), kann aber den Damm nicht so gut über=sehen und muß die Frau völlig entblößen.

Soll die Geburt des Kopfes z. B. wegen schlechter kindlicher Herztöne beschleunigt werden, so kann man, vorausgesetzt, daß der Kopf bereits im Einschneiden steht, den Hinterdammgriff anwenden: Die eine Hand legt sich wieder auf das Hinterhaupt, während die andere durch den stark verdünnten Hinterdamm hindurch auf die Stirn drückt, ihr Zurückweichen in der Wehenpause verhindernd, oder sogar die Stirn vorschiebt, bis das Vorderhaupt geboren ist.

Sofort nach der Geburt des Kopfes greift die Hebamme an den Hals des Kindes, ob vielleicht eine Nabelschnurumschlingung be=steht, lockert eine solche durch vorsichtigen Zug und schiebt sie, wenn möglich, über den Kopf, achtet ferner darauf, daß Mund und Nase des Kindes für die Atmung freiliegen und wischt die Augenlider, vom äußeren zum inneren Augenwinkel wischend, mit Watte und reinem Wasser ab.

Der Regel nach erfolgt mit einer der nächsten Wehen die Geburt des übrigen Kindskörpers ohne weitere Hilfe. Das Neugeborene wird auf den Rücken gelegt, zwischen die Beine der Frau, so daß die Nabelschnur weder gezerrt noch gedrückt wird. Konnten wegen zu schneller Geburt die Augenlider noch nicht gereinigt werden, so soll das jetzt besorgt werden. Bleibt das Kind längere Zeit nach der Geburt des Kopfes in der Schamspalte stecken, so verfährt die Hebamme folgendermaßen (Zug am Kopf ist verboten!):

a) Die Frau soll pressen; auch kann man durch Reiben des Gebärmuttergrundes eine Wehe anregen. Genügt das nicht, dann

b) wird der Kopf des Kindes mit beiden Händen nach unten gedrückt, bis die vordere Schulter unter der Schoßfuge erscheint. Genügt das auch nicht, dann

c) entwickelt man das Kind an den Schultern. Man hakt vom Rücken des Kindes her einen Zeigefinger in seine hintere Achselhöhle, zieht etwas nach unten und dann nach vorn, bis die vordere Schulter sichtbar wird, hakt dann den anderen Zeigefinger in die vordere Achsel=höhle und zieht so das Kind heraus.

Ist das Kind geboren, so gilt die erste Sorge der Gebärmutter, ob sie hart und klein ist und in der Höhe des Nabels steht. Bei diesem 1. Handgriff nach der Geburt würde man z. B. ein noch nicht entdecktes Zwillingskind erkennen. Dann wartet man 3—5 Minuten, bis der Puls in der Nabelschnur nicht mehr zu fühlen ist, und nabelt dann erst das Kind ab:

Zwei Querfinger breit vom kindlichen Nabel entfernt wird das Nabelband um die Nabelschnur gelegt und, ohne an ihr zu zerren, einmal geknotet. Darauf wird das Band auf der anderen Seite der Schnur nochmals geknotet; auf diesen 2. Knoten wird eine Schleife gesetzt. Zwei Querfinger von dieser 1. Unterbindung entfernt wird die Nabelschnur nochmals abgebunden mit doppeltem Knoten, worauf sie zwischen beiden Unterbindungen mit der Nabelschnurschere durchschnitten wird. Hierbei müssen die Scherenenden mit der andern Hand gut bedeckt werden, damit das Kind nicht verletzt wird. Die erste Unterbindung verhindert eine Blutung aus dem Nabel=schnurstumpf, die zweite hält das Blut im Mutterkuchen zurück, der auf diese Weise größer bleibt und sich dann besser löst. — Sodann wird das abgenabelte, in eine Windel gewickelte Kind auf den vorher dazu ausgesuchten Platz gelegt.

         3. Nachgeburtszeit.

Die Kreißende wird nun auf den Rücken gelegt, erhält eine reine Unterlage und wird warm zugedeckt. Wenn es auch der Hebamme erlaubt ist, jetzt das Kind zu baden, so ist es doch besser, dies von einer anderen Person tun zu lassen, damit die Hebamme ihre ganze Aufmerksamkeit der Gebärmutter und einer etwaigen Nachgeburts=blutung zuwenden kann. Badet sie aber selber, dann muß sie des öfteren vorsichtig nach dem Gebärmuttergrund tasten, ob er auch hart ist und nicht zu hoch steht (§ 180, Seite 57). Verboten ist stärkeres Drücken oder Kneten der Gebärmutter, wodurch nur die Nachgeburts=lösung gestört wird.

Besorgung des Kindes: Zur Beseitigung des Kindsschleimes wird der ganze Kindskörper tüchtig mit Öl abgerieben. Dann kommt das Neugeborene in das Badewasser, das mit dem Thermo=meter gemessen 35° C warm sein soll. Mit einem Wattebausch wird die Reinigung besorgt, niemals mit einem Schwamm. Für die Augen benutzt man besonderes reines Wasser.

Ist das Kind abgetrocknet, so wird mit nochmals gewaschenen Händen zunächst die Schleife der 1. Unterbindung gelöst, der unter ihr befindliche Knoten nochmals fest angezogen, um jegliche Nachblutung unmöglich zu machen, und ein zweiter Knoten daraufgesetzt. Dann wird der Nabelverband angelegt: der Nabelschnurrest wird in ein Stückchen Wundwatte eingeschlagen, nach oben an den Leib des Kindes gelegt und mit einer 4 Finger breiten leinenen Nabelbinde festgewickelt. Nun untersucht die Hebamme das Kind auf etwaige Mißbildungen, insonderheit die After= und Harnröhrenmündung, mißt zur Eintragung in ihr Tagebuch seine Länge und kleidet es an. Hemd, Jäckchen, Windel und ein Wickeltuch aus Flanell sollen so angezogen werden, daß Arme und Beine tüchtig bewegt werden können. Schreit das Kind bei all' diesen Hantierungen noch nicht kräftig, so daß die Lunge sich nicht gehörig ausdehnen kann, dann wird sein Rücken mehrfach tüchtig gerieben und wohl auch auf das Gesäß geschlagen.

Unterdessen hat sich die Lösung der Nachgeburt vollzogen, was an dem höher gestiegenen Gebärmuttergrund erkennbar ist. Die Kreißende fühlt nun wieder ein Drängen nach unten. Dann soll sie die Beine aufsetzen und pressen, bis die Nachgeburt erscheint. Folgen die Eihäute nicht sogleich, so dreht die Hebamme die Nachgeburt vor=sichtig einige Male herum, so daß sich die Eihäute zu einem Strang aufrollen und sich dadurch leichter lösen. Unbedingt verboten ist: Zug am Nabelstrang und das Herausziehen der Nachgeburt aus der Scheide.

Erst wenn sie völlig gelöst in oder vor der Schamspalte liegt, darf sie fortgenommen werden. Lebensgefährliche Blutungen könnten sonst entstehen.

Bisweilen fühlt die Frau nach der Nachgeburtslösung jenen Drang zum Pressen nicht, so daß die gelöste Nachgeburt lange Zeit in der Scheide liegen würde und die Frau nicht zur Ruhe käme, vielleicht auch gar noch eine Blutung erleben könnte. Dann darf die Hebamme nach Verlauf einer Stunde die Nachgeburt mit dem nach dem Geburtshelfer Credé genannten Credé'schen Handgriffe herausdrücken.

Vorbedingungen zu seiner Anwendung:

a) Seit der Geburt des Kindes muß eine Stunde verstrichen sein.

b) Der Handgriff darf nur während einer Wehe ausgeführt werden. Nötigenfalls wird eine solche durch zartes Reiben des Mutter= grundes hervorgerufen.

c) Die etwa zur Seite gewichene Gebärmutter muß erst in die Mitte des Leibes geschoben werden.

d) Vor allen Dingen muß die Blase leer sein. Ein Mißlingen des Handgriffes deutet auf eine volle Blase hin, die dann mit dem Katheter erst entleert werden muß.

Ausführung des Credéschen Handgriffes: Nach Erfüllung der eben genannten Vorbedingungen umfaßt die Hebamme die infolge der Wehe harte Gebärmutter mit einer oder beiden Händen so, daß der Daumen auf der Vorderfläche, die übrigen Finger auf der Hinterfläche und die Hohlhand am Gebärmuttergrund liegt. Jetzt wird der Gebärmuttergrund kräftig zusammen= und etwas nach unten und vorn gedrückt, worauf die Nachgeburt vor der Schamspalte erscheint. Mißlingt der Handgriff, und ist die Blase leer, so darf er einige Male wiederholt werden. Glückt er auch dann noch nicht, dann: Arzt!

Ist die Nachgeburt geboren, so legt die Hebamme den Mutter= kuchen mit der kindlichen Seite auf ihre Hand, säubert die jetzt nach oben gekehrte mütterliche Seite von Eihäuten und Blutgerinseln und stellt fest, ob etwa ein Stück des Mutterkuchens oder ein größerer Teil der Eihäute fehlt. Ist dies der Fall, dann Arzt!, für den die Nachgeburt aufzuheben ist.

Zum Schluß ist die Frau zu reinigen, insonderheit die Geschlechts= teile, die mit abgekochtem Wasser oder 1proz. Kresolseifenlösung ab= gespült und mit Watte abgetrocknet werden. Dann wird der Damm besichtigt, ob er etwa gerissen ist und genäht werden muß (§ 410, Seite 129). Sodann wird die Unterlage gewechselt und der Frau ein Handtuch fest um den Leib gelegt und mit Nadeln zusammengesteckt; besser noch ist natürlich die Benutzung einer richtigen Bauchbinde. Vor die Scham= spalte zwischen die ausgestreckten Schenkel wird ein Stück Watte ge= legt und endlich die Frau warm zugedeckt. Nun muß die Hebamme noch volle 2 Stunden, von der Geburt der Nachgeburt an gerechnet, bei der Entbundenen bleiben, um darauf zu achten, ob die Gebär= mutter hart und fest ist und etwa handbreit über der Schoßfuge steht, ob eine stärkere Blutung aus der Scheide eintritt, ob das Kind ordentlich atmet und ob der Nabelschnurrest etwa nachblutet. Während= dessen hat sie ihre Instrumente zu reinigen und auszukochen.

Vierter Teil

Das regelmäßige Wochenbett.

Erklärung des Wochenbettes. (§ 223.)

Die ersten 6 Wochen nach der Entbindung nennt man Wochen=
bett. Diese Zeit dient

1. Zur Rückbildung der Geschlechtsteile.
2. Zur Heilung der Geburtswunden.
3. Zur Einleitung des Nährgeschäfts, das 9—10 Monate dauert.

6 Wochen rechnet man deshalb auf das Wochenbett, weil die
Absonderung der Geburtswunden gewöhnlich nach dieser Zeit aufhört.
Die Regel tritt bei nichtstillenden Frauen meist nach Ablauf
dieser Zeit wieder ein, bei stillenden Frauen erst später, oft erst nach
dem Absetzen des Kindes.

Aufgabe der Hebamme im Wochenbett: Pflege von Mutter
und Kind.

Die regelmäßigen Vorgänge bei der Mutter. (§ 224—233.)

1. Die Rückbildung der Geschlechtsteile.

Die starke Zusammenziehung der Gebärmutter nach Ausstoßung
der Nachgeburt, wodurch einer Blutung aus den zerrissenén mütter=
lichen Blutgefäßen vorgebeugt wird (§ 180, Seite 57), bleibt im
Wochenbett bestehen und wird durch die in den ersten 7—8 Tagen nach
der Geburt auftretenden Nachwehen noch vermehrt. Dadurch kommt
es zu einer Schrumpfung der einzelnen Muskelzellen in der Gebär=
mutter, die auf diese Weise kleiner wird. Die Verkleinerung kann
man am Stand des Muttergrundes gut verfolgen, wenn die zwischen
Gebärmutter und Bauchwand liegende Blase leer ist und infolgedessen eine
Untersuchung nicht verhindert. In den ersten 12 Stunden nach der Geburt
ist nämlich der Gebärmuttergrund, der gleich nach der Geburt handbreit
über der Schoßfuge stand, etwa am Nabel zu fühlen. Mit zunehmender
Verkleinerung des Organes sinkt er aber immer tiefer und tiefer, bis
er schließlich am 10.—12. Tage im kleinen Becken verschwindet, so

daß man ihn von außen nicht mehr fühlen kann. Nur wenn die Blase einmal sehr voll ist, kann man ihn wohl wieder am Nabel finden, meist etwas seitlich abgewichen. Gleichzeitig mit der Gebärmutter verkleinert sich der bei der Geburt stark gedehnte innere Muttermund und ist am 12. Tage für den Finger nicht mehr durchgängig, während der äußere dauernd geöffnet bleibt (§ 148 und 159, Seite 46 und 48). Zur selben Zeit ist auch der Scheidenteil wieder deutlich zu fühlen. Ferner wird die Scheide enger, der Damm kürzer, die Bauchdecken straffer. Etwas langsamer bilden sich die Gebärmutterbänder zurück, so daß die Beweglichkeit der Gebärmutter für einige Wochen größer ist als sonst, weshalb in dieser Zeit auch leicht Verlagerungen entstehen.

Alle diese genannten Teile erhalten freilich durch das Wochenbett ihre frühere Beschaffenheit nicht völlig wieder; insonderheit bleibt die Gebärmutter größer, die Scheide und Schamspalte weiter und die Bauchdecken schlaffer, wenn deren Rückbildung durch gute Schonung auch noch am besten zu erreichen ist.

Die Nachwehen werden von einer Erstgebärenden meist gar nicht gefühlt, eine Mehrgebärende empfindet sie dagegen in den ersten Tagen recht schmerzhaft, insonderheit nach einer schnell verlaufenen Geburt. Da die für die Rückbildung so wichtigen Nachwehen vornehmlich dann auftreten, wenn die Mutter das Kind stillt, so ist klar, wie vorteilhaft das Selbststillen für eine Wöchnerin ist.

2. Die Wundheilung.

Die bei der Geburt entstandenen Wunden (§ 171 Seite 52) verheilen im Wochenbett unter Absonderung des sogenannten Wochenflusses, einer blutigen, fade aber nie faulig riechenden Flüssigkeit, die hauptsächlich aus der großen Gebärmutterwunde stammt und viele Zellen und kleine Siebhautfetzen enthält. Der Wochenfluß ist am ersten Tage rein blutig, dann wird er rosa, vom 5.—6. Tage an heller, gelblich und geringer, vom 8.—10. Tage an weißlich und dickflüssiger. So bleibt er bis zu seinem völligen Versiegen in der 4. bis 6. Woche; nur beim ersten Aufstehen der Wöchnerin zeigt sich wieder etwas Blut. Je besser die Wundheilung und Rückbildung sich vollziehen, desto eher entfärbt sich der Wochenfluß, desto eher verringert sich seine Menge, so daß man an seinem Verhalten den Verlauf von Wundheilung und Rückbildung gut beobachten kann.

3. Die Einleitung des Nährgeschäftes.

Am 3.—4. Wochenbettstage schwellen die Brüste an und werden hart, weil sich in ihnen jetzt das Kolostrum in Milch umwandelt, die

sich in dünnen Strahlen ausdrücken läßt. Bisweilen wird diese An=
schwellung der Brüste einige Tage lang schmerzhaft empfunden, be=
sonders von nicht stillenden Frauen, niemals aber ruft sie Fieber
hervor. Das sogenannte Milchfieber gibt es nicht! Je häufiger das
Kind angelegt wird, und je kräftiger es saugt, desto ausgiebiger ist
die Absonderung der Milch. Diese besteht aus Eiweiß (Käsestoff),
Fett, Kohlenhydraten (Zucker), Wasser und Salzen, also aus allen
den Stoffen, die der Mensch zum Leben braucht (§ 29 Seite 9).
Diese 5 Stoffe sind in der Kuhmilch zwar auch enthalten, aber in
einer für das Neugeborene sehr ungünstigen Zusammensetzung, so daß
die Muttermilch für jedes Kind bei weitem am besten ist.

Nicht minder vorteilhaft ist aber das Selbststillen auch für die
Mutter:

a) Wie oben gesagt, ist dann die Rückbildung der Geschlechts=
teile eine weit bessere.

b) Das allgemeine Befinden der Mutter wird dadurch wesentlich
gehoben, sie fühlt sich frischer, erholt sich weit schneller von den Mühen
und Anstrengungen der Schwangerschaft und Geburt und erfährt es
so an ihrem eigenen Körper, daß das Stillen eine von der Natur
geforderte, durchaus gesunde Verrichtung des Weibes ist, eine Pflicht
gegen sich selbst und eine der wertvollsten Mutterpflichten gegen
das Kind.

4. Sonstige Lebensvorgänge im Wochenbett.

Fieber gibt es im regelmäßigen Wochenbett niemals. Schon
eine Körperwärme von 37,6° morgens z. B. würde regelwidrig sein;
abends würde die Frau dann sicher Fieber haben. Tritt solches auf,
so ist dies das erste Zeichen einer gestörten Wundheilung. — Der
Puls ist meist langsam, oft unter 80 Schlägen in der Minute; aller=
dings erlebt man sehr leicht eine Beschleunigung des Pulses z. B.
beim Stuhlgang oder bei lebhafter Unterhaltung. Auch schwitzen
Wöchnerinnen leicht. Man erkennt an alle dem, daß sie geistiger und
körperlicher Ruhe in reichem Maße bedürfen, sollen sie sich gut er=
holen. — Oft besteht in den ersten Wochenbettstagen Harnverhaltung,
meistens deshalb, weil viele Frauen überhaupt im Liegen kein Wasser
lassen können. Bisweilen ist aber auch infolge sehr langen und starken
Druckes des Kopfes auf die Weichteile während der Geburt die
Harnröhrenschleimhaut derartig angeschwollen, daß die Harnröhre un=
wegsam geworden ist. — Stuhlgang erfolgt gewöhnlich erst am 3.
oder 4. Wochenbettstage. —

Die regelmäßigen Vorgänge beim Kind in den ersten Lebenstagen.

(§ 234—239.)   Daß ein eben geborenes Kind lebensfrisch ist, erkennt man an folgenden wichtigen Zeichen: „das Kind schreit sofort, bewegt kräftig die Glieder, schlägt die Augen auf, die Bauch= und Brusthaut färbt sich rosarot."

1. Die Lungenatmung ist die erste Veränderung, die das Kind in seinem neuen Dasein erlebt. Da die Zusammenziehung der Gebärmutter nach der Geburt sauerstoffhaltiges Blut nicht mehr in den Mutterkuchen hineinläßt, muß das Kind den zu seinem Leben nötigen Sauerstoff aus der Luft nehmen. Deshalb fängt es an zu atmen; damit hört auch der Nabelschnurkreislauf auf, was man am Schwinden des Pulses in der Nabelschnur deutlich fühlt.

2. Nabelschnurabfall: Da der am Kinde noch befindliche Nabelschnurrest vom Blute nicht mehr ernährt wird, stirbt er ab und trocknet ein (§ 118 Seite 36). Dann entzündet sich der Grund des Nabels, was man an seiner Rötung erkennt, und stößt am 5.—7. Tage dadurch den abgestorbenen Nabelschnurrest ab. Je kräftiger ein Kind ist, desto früher geschieht dies, je schwächer desto später. Nach der Abstoßung des Stranges bleibt eine kleine nässende Wunde zurück, die sich allmählich überhäutet und vernarbt. So entsteht der Nabel, der langsam eingezogen wird, wodurch die von zwei Hautfalten bedeckte Nabelgrube entsteht. Ungestört vollzieht sich dieser Vorgang aber nur dann, wenn die Nabelwunde nicht verunreinigt worden ist.

3. Veränderungen der Haut: Am 2.—3. Tage färbt sich die Haut besonders an der Brust, der Stirn und der Nasenspitze etwas gelblich, manchmal auch das Weiße im Auge; diese Erscheinung verschwindet bald wieder und hat nichts zu bedeuten, wenn das Kind sonst gut gedeiht. — Eine Abschuppung der Haut erfolgt gewöhnlich im Verlaufe der ersten Woche. — Eine etwas bläuliche Verfärbung an Handtellern und Fußsohlen während der ersten Tage entspricht der Regel.

4. Nahrung fordert das Neugeborene gewöhnlich erst 12—24 Stunden nach der Geburt durch kräftiges Schreien. Da es aber zuerst nur wenig trinkt, nimmt jeder Säugling in den ersten 3—4 Tagen durchschnittlich 200 g an Gewicht ab. Kräftige, an der Mutterbrust ernährte Kinder nehmen weniger ab wie schwächliche, künstlich ernährte. Nach 8—10 Tagen soll ein gesundes Kind sein Anfangsgewicht wieder erreicht haben, was schwachen Kindern manchmal erst in der 3. Woche gelingt. Die weitere Gewichtszunahme beträgt für eine Woche etwa 200 g.

5. Der Harn des Kindes, der oft gleich nach der Geburt gelassen wird, ist heller wie beim Erwachsenen. Er enthält oft so viel Harn= säure, daß diese nach dem Eintrocknen des Urins in den Windeln als deutlich sichtbares, rötliches Pulver zurückbleibt. Diese Erscheinung ist bedeutungslos.

6. Der Stuhlgang besteht in den ersten 2—3 Tagen ganz aus Kindspech und ist daher schwarz. Später wird er goldgelb und breiig, riecht etwas säuerlich und wird in 24 Stunden 2—4 mal entleert.

7. Am 3. — 4. Tage sieht man bisweilen, sowohl bei Knaben wie bei Mädchen, eine Anschwellung der Brustdrüsen, aus denen sich dann manchmal etwas milchige Flüssigkeit entleert.

8. Die Sinne: Hören und Riechen kann das Neugeborene in den ersten Lebenstagen nicht. Das Sehvermögen ist gering. Schmecken und Fühlen kann das Kind dagegen gut, so daß man es z. B. durch Reiben, Klopfen, warm und kalt Baden zum kräftigen Schreien an= regen kann (§ 462 Seite 139). Daß es Durst und Hunger gut empfindet, hört man an seinem Schreien deutlich genug. Auch zeugen die kräftigen Arm= und Beinbewegungen von verhältnismäßig großer Muskelkraft.

Die Pflege der Wöchnerin.

1. Die Temperaturmessung der Wöchnerin ist eine der (§ 240—250.) wichtigsten Verrichtungen der Hebamme. Dadurch stellt sie fest, ob etwa Fieber eingetreten ist und eine gestörte Wundheilung anzeigt. Eine solche rührt von mangelnder Keimfreiheit her, meist infolge schlechter Händedesinfektion der Hebamme bei der Entbindung, und ist stets sehr ernst zu nehmen, weil die Wöchnerin daran sterben kann. Das Vorhandensein eines Thermometers ist daher für jeden Wochen= besuch selbstverständliche und unerläßliche Voraussetzung.

2. Ruhe, sowohl körperlicher wie geistiger, bedarf die Wöchnerin in reichem Maße.

a) Körperliche Ruhe heißt: 9 Tage lang Bettruhe, davon in den ersten 3 Tagen strenge Rückenlage; vom 6. Tage an darf sich die Frau aufsetzen und auf die Seite legen. Beim Ordnen des Bettes darf die Wöchnerin natürlich nicht aufstehen; es ist daher sehr an= genehm, wenn man sie in ein anderes, inzwischen hergerichtetes Bett hinüberheben kann. Das erste Aufstehen findet am 10. Tage statt, darf aber nur einige Stunden dauern. Denn nur ganz allmählich soll man zu der gewöhnlichen Tageseinteilung übergehen. Bis zur 3. Woche sollen stärkere körperliche Bewegungen, wie Heben, Treppen= steigen unterlassen werden, und erst nach 4 Wochen darf die junge

Mutter zum ersten Male ausgehen; schwere körperliche Arbeit ist im ersten Vierteljahre nicht ratsam. Sobald die Frau das Bett verläßt, soll das um den Leib gelegte Handtuch mit einer richtigen Leibbinde vertauscht werden, um das Strafferwerden der Bauchdecken zu unterstützen und der Entstehung eines Hängebauches vorzubeugen. b) Geistige Ruhe heißt: Die Wöchnerin soll in der ersten Woche weder mit Lesen noch mit einer Handarbeit sich beschäftigen, vor allen Dingen aber vor endlosen Besuchen und angreifenden Unterhaltungen guter Freundinnen behütet werden. Langweile ist einer Wöchnerin nur gesund.

3. Die Reinlichkeit erfordert einen häufigen Wechsel der mit Wochenfluß beschmutzten Unter- und Vorlagen. Letztere sind in der ersten Woche täglich 3—4 mal zu erneuern. Frische Leibwäsche darf am Ende der ersten Woche angelegt werden. Gesicht und Hände der Wöchnerin soll man zweimal täglich waschen; nicht minder ist das Kämmen des Haares nötig. Vermeiden muß die Wöchnerin mit ihren Händen den Wochenfluß. Da er giftige Spaltpilze enthält, könnte eine Übertragung auf die Brustwarzen zu einer bösen Brustdrüsenentzündung führen.

Jede Bewegung der Wöchnerin hat äußerst vorsichtig zu geschehen immer im Hinblick auf die nie ganz auszuschließende Möglichkeit eines drohenden Lungenschlages (§ 495 Seite 150).

4. Die Ernährung sei in den ersten 3 Tagen der Hauptsache nach flüssig mit etwas Weißbrot oder Zwieback. Vom 4. Tage an sind feste, aber leicht verdauliche Nahrungsmittel zu reichen z. B. Eier, Kalbfleisch, Geflügel. Vom 7. Tage an geht man langsam zur gewohnten Kost über. Fette Speisen, Kohle, Salate sollen erst später, am besten gar nicht genossen werden. Wein und Bier dürfen nur solche Frauen in geringer Menge trinken, die daran gewöhnt sind.

5. Stuhlgang wird, sollte er am 4. Tage noch nicht erfolgt sein, mit einem Eßlöffel Rizinusöl herbeigefürt. Von da an erhält die Frau täglich ein Klystier, wenn der Stuhlgang nicht von selber eintritt. — Harn soll alle 3—4 Stunden, mindestens aber 2 mal am Tage gelassen werden. Macht das Schwierigkeiten, so legt die Hebamme einen warmen Umschlag auf den Leib oder berieselt die Schamspalte mit warmem abgekochtem Wasser oder 1 % Kresolseifenlösung. Bleibt das erfolglos, so darf die Wöchnerin vorsichtig etwas aufgerichtet werden. Genügt auch das noch nicht, dann muß katheterisiert werden, was ganz besonders reinlich zu geschehen hat, damit kein Wochenfluß in die Blase gelangt (§ 92 Seite 52). Ein Blasenkatarrh würde dann sicher eintreten.

6. Selbst stillen soll jede Frau ihr Kind, ausgenommen solche, die an Schwindsucht, schweren Gehirn= oder Nervenkrankheiten leiden. In diesen Fällen hat die Hebamme einen Arzt zu befragen, der dann das Stillen verbieten wird; sie selber hat diese Entscheidung nicht zu treffen. Macht der Frau das Stillen Schwierigkeiten, ist z. B. die Milchabsonderung zunächst gering, sind die Warzen wund, stellen sich Kopf= oder Rückenschmerzen ein, so soll doch das Kind nicht sogleich abgesetzt werden, da alle solche Störungen vielfach nach Ablauf einiger Wochen schwinden. Auch ist die Mutter auf die oben (Seite 75) erwähnten Gründe hinzuweisen, die das Anlegen des Kindes an die Mutterbrust dringend fordern. Beruhigt sich die Frau dabei nicht, so lasse man den Arzt entscheiden. Reicht die Mutter= milch nicht aus, so soll Kuh= oder Ziegenmilch zugegeben werden.

Die Brustwarze ist durch Abwaschen mit reinem Wasser vor und nach dem Stillen rein zu halten. Ferner ist es nützlich, die Brüste mit einem weichen Flanelltuch zu bedecken; das fängt die aus= laufende Milch auf, hält die Brüste warm und schützt sie vor Druck.

Kann die Frau aus irgendeinem Grunde das Kind nicht stillen, dann macht die am 3.—4. Tage einsetzende Anschwellung der Brüste die bereits beschriebenen Beschwerden (Seite 75), die manchmal recht heftig werden. Dann bindet man die Brüste mit Tüchern, die um den Nacken geschlagen werden, hoch, gibt der Frau weniger zu trinken und sorgt für guten Stuhlgang. Ebenso verfährt man beim Absetzen des Kindes im 9.—10. Monat, wenn beim Kind die ersten Schneide= zähne durchbrechen. In jedem Falle wäre es falsch, die überflüssige Milch abzusaugen. Die Milchabsonderung wird dadurch nur wieder angeregt.

Beim Eintreten der Regel darf die Frau weiter stillen, wenn sie sich dabei wohl befindet, sie hat dagegen das Kind sogleich abzu= setzen, wenn sie wieder schwanger wird.

7. Alle diese Regeln und Vorschriften lassen sich nicht immer durchführen. Die Hebamme soll aber darauf dringen, daß sich die Wöchnerin, soweit es irgend möglich ist, danach richtet.

Der Wochenbesuch der Hebamme.

Die Hebamme hat 10 Tage lang die Wöchnerin zu besuchen, an (§ 251—256.) den ersten 8 Tagen zweimal täglich. Eine Fortsetzung der Besuche vom 10. Tage an hängt vom Willen der Wöchnerin ab. Unterbleiben dürfen die Besuche, wenn eine Wochenpflegerin die Pflege übernehmen soll, eine Anordnung, der sich die Hebamme nicht widersetzen darf, zu=

mal sie dann mit dem Wochenfluß nicht in Berührung kommt, was für die Desinfektion ihrer Hände wesentlich ist. Läßt sich z. B. wegen sehr großer Entfernungen die vorgeschriebene Anzahl der Besuch nicht innehalten, so gilt die Regel: In der ersten Woche ist täglich ein Besuch notwendig, in der zweiten Woche ist er erwünscht.

In folgender Reihenfolge hat die Hebamme beim Wochenbesuch vorzugehen:

1. Sie erkundigt sich nach dem Befinden der Wöchnerin, legt das Thermometer in die Achselhöhle, zählt den Puls, führt die gewöhnliche Desinfektion ihrer Hände aus und besorgt dann zuerst das Kind. Würde sie das erst nach der Reinigung der Mutter tun, so könnte sie leicht die Nabelwunde mit dem Wochenfluß infizieren. Sollten trotz dieser Vorschrift die Hände der Hebamme doch einmal vor der Besorgung des Kindes Wochenfluß berührt haben, dann sind sie wieder zu desinfizieren, ehe das Kind angefaßt wird. Ist das Kind besorgt, dann wird das Thermometer abgelesen und die Temperatur in einen Temperaturzettel eingetragen, der während des ganzen Wochenbetts geführt werden muß. Sollte ein Klystier nötig sein, so wird es jetzt verabfolgt.

2. Reinigung der Frau:

a) der Geschlechtsteile: Der Wöchnerin wird eine Bettschüssel untergeschoben, die alte Vorlage wird entfernt (Menge, Farbe und Geruch des Wochenflusses sind dabei zu beachten) und die Frau aufgefordert, Harn zu lassen. Sobald dies geschehen, entfernt die Hebamme die Leibbinde, stellt den Hochstand des Gebärmuttergrundes durch vorsichtiges Betasten fest, wobei man das Gesicht der Frau beobachten soll, ob die Berührung etwa schmerzhaft ist, und legt dann die Leibbinde wieder um. Sodann werden die Geschlechtsteile mit abgekochtem Wasser oder 1 proz. Kresolseifenlösung abgerieselt (keine Scheidenspülung!), bei übelriechendem Wochenfluß stets mit der letzteren Flüssigkeit. Benutzt wird dazu die Spülkanne, stets der rote Schlauch und das Mutterrohr. Ist die Abrieselung fertig, so werden die Geschlechtsteile mit Watte, nie mit einem Schwamm, abgetrocknet und besichtigt. Hierauf wird die neue Vorlage locker vorgelegt, damit nicht etwa durch zu starken Druck der Wochenfluß gestaut wird. Diese Reinigung der Geschlechtsteile hat in der ersten Woche zweimal, später einmal täglich zu erfolgen. Nach ihrer jedesmaligen Beendigung: Gewöhnliche Händedesinfektion. Eine innerliche Untersuchung der Wöchnerin ist nur ausnahmsweise gestattet (§ 141 und 272 Seite 43 u. 86).

b) des übrigen Körpers: Gesicht und Hände werden gewaschen,

wenn nötig reine Wäsche angezogen; auch ist das Haar zu kämmen und zu flechten.

3. Nun wird das Kind angelegt. Unterdessen reinigt die Hebamme die gebrauchten Instrumente, wozu sie auch dann verpflichtet ist, wenn sie Eigentum der Wöchnerin sind. Das Zimmer wird ge= lüftet und für Beseitigung der schmutzigen Bettpfanne, Vorlagen und Wäschestücke gesorgt. Da der Wochenfluß an der Luft sehr schnell fault, soll die Hebamme die damit behafteten Stücke am besten gar nicht mehr berühren, wenn sie sie einmal bei Seite gelegt hat. Aus dem gleichen Grunde ist es ihr auch verboten, irgendwelche Wäsche der Mutter oder des Kindes zu waschen, ebenso wie sie grobe Arbeit im Wochenzimmer nicht leisten darf.

4. Hat die Hebamme irgendwelche Regelwidrigkeiten bei der Mutter oder dem Kinde entdeckt, so soll der Arzt! gerufen werden, dessen Anordnungen natürlich auch dann genau zu befolgen sind, wenn sie mit den Vorschriften des Lehrbuches nicht übereinstimmen.

Die Pflege des Kindes.

1. Die Reinigung: Jedes Neugeborene wird täglich morgens (§ 257- 271.) in 35° warmem Wasser gebadet und dabei mit einem Wattebausch abgewaschen, jedoch ohne Seife, die erst in späteren Wochen benutzt werden soll; dann darf auch das Wasser etwas kühler genommen werden. Jedesmal sind auch die Augenlider mit Watte und besonderem, reinem Wasser abzuwischen. Abends wird der ganze Kindskörper lauwarm abgewaschen. Aber auch sonst, wenn sich das Kind naß oder schmutzig gemacht hat, sollen die beschmutzten Körperteile mit warmem Wasser gesäubert werden. Besonders vorsichtig hat jedesmal auf einem Tisch, niemals auf dem Schoße, das Abtrocknen zu geschehen:

a) Das Tuch oder Laken darf nie mit dem Fußboden in Be= rührung kommen; eine tödliche Nabelinfektion könnte die Folge sein (§ 501 Seite 152).

b) Das Kind muß ganz trocken gerieben werden, insonderheit zwischen den Hautfalten, da es sonst sehr leicht wund wird. Dieses Baden des Kindes bezweckt nicht allein seine Reinigung, sondern es regt auch die Atmung und die Bewegung der Gliedmaßen kräftig an, was äußerst gesund ist.

2. Der Nabelverband: Wie bereits gesagt (Seite 80) hat sich die Hebamme vor der Besorgung des Kindes zu desinfizieren. Das geschieht wegen der Nabelwunde, die auch dann schon vorhanden

ist und verunreinigt werden kann, wenn der Rest des Nabelstranges noch nicht abgefallen ist. Täglich wird nämlich in derselben Weise wie nach der Geburt (§ 217 S. 70) der Nabel frisch verbunden, in der Regel einmal, beim Baden. Das muß öfter geschehen, wenn der Verband mit Kot oder Urin verunreinigt worden ist. Beim Abnehmen des Verbandes bleibt gewöhnlich etwas Watte am Nabelstrang haften. Sie soll im Bade vorsichtig abgeweicht werden, damit nicht durch Zerren am Nabelstrang Blutungen entstehen. Sobald der Nabelstrang abgefallen ist, wird die zurückbleibende Wunde mit einem kleinen Stückchen Wundwatte verbunden. Selbstverständlich darf die Hebamme nur ihre eigene, reine Watte dazu verwenden.

3. Die Ernährung des Kindes

a) An der Mutterbrust: Da das Kind gesättigt zur Welt kommt, schläft es gewöhnlich bald nach der Geburt ein. Frühstens nach 12, spätestens nach 24 Stunden wird es zum ersten Male angelegt; wird es schon vor der Zeit unruhig, so darf etwas abgekochtes Wasser mit dem Löffel gereicht werden. Das Anlegen: Mutter und Hebamme haben sich die Hände gewaschen, die Warze ist mit abgekochtem Wasser und einem Läppchen abgewischt. Nun wendet sich die Mutter etwas zur Seite, faßt die Warze mit dem 2. und 3. Finger (die linke mit der rechten Hand und umgekehrt) und schiebt sie so dem neben ihr liegenden Kinde in den Mund. Gewöhnlich saugt des Kind die Warze sogleich kräftig an. Tiefliegende Warzen müssen vorher mit dem Finger vorgezogen werden. Auch an Hohlwarzen kann manches Kind trinken, meist wird allerdings ein Warzenhütchen benutzt werden müssen. Man läßt das Kind so lange ruhig trinken, bis es die Warze von selber losläßt und einschläft. Viele Kinder, besonders schwächliche, müssen freilich zum Trinken erst gehörig aufgeweckt werden und nehmen auch dann noch schlecht die Brust. Man kann in solchen Fällen etwas Milch aus der Warze ausdrücken und dem Kinde in den Mund fließen lassen, worauf es gewöhnlich besser zufaßt. Hat sich das Kind satt getrunken, dann wischt man seinen Mund vorsichtig mit einem reinen Läppchen aus, wäscht die Warze ab und legt das Kind in sein Bettchen auf die Seite, damit es sich nicht verschluckt, wenn etwas Milch „aufgestoßen" wird.

Der Regel nach wird jedesmal nur eine Brust gereicht. Nur wenn dauernd die Milchabsonderung gering bleibt, muß das Kind beide Brüste bekommen. Ob es genügend Nahrung erhält, kann man daran sehen, daß das Kind gedeiht d. h. es schläft nach dem Trinken ruhig ein, meldet seinen Hunger durch Schreien erst kurz vor der nächsten Anlegezeit, läßt reichlich Urin und mindestens einmal täglich Kot. Insonderheit aber nimmt es an Gewicht zu, bekommt pralle, runde Glieder und zeigt durch kräftige Bewegungen seiner Arme und Beine, daß es sich wohl fühlt.

Man soll den Säugling von vornherein an ganz bestimmte Anlegezeiten gewöhnen, sonst wird er dauernd unruhig, schreit fortwährend und will alle Augenblicke etwas haben. Ein an Regelmäßigkeit gewöhntes Kind findet sich gagegen sehr bald in die Ordnung und stört seine ruhebedürftige Mutter nicht dauernd nutzlos. Am Tage dreistündlich und in der Nacht einmal soll das Kind trinken, im ganzen 7 Mal in 24 Stunden; schläft es, so wird es dazu aufgeweckt. Schwache und frühreife Kinder werden über Tag zweistündlich, nachts aber auch nur einmal angelegt. Diese häufigere Nahrungsaufnahme ist bei ihnen besonders genau innezuhalten, damit sie nicht noch schwächer und schläfriger werden. Von der zweiten Woche an kann man bei kräftigen Kindern die Nachtmahlzeit ganz fortlassen. Dann muß freilich die letzte Mahlzeit abends später (z. B. um 11 Uhr) und die erste morgens früher (z. B. um 5 oder 6 Uhr) gereicht werden, weil sonst die Pause zu groß wird.

Schwierigkeiten beim Nährgeschäft ergeben sich nicht selten:

I. Das Kind nimmt die Warze nicht. Das kommt bei Hasenscharte und Wolfsrachen vor (§ 402 Seite 127). Oder die Warze ist nicht gut faßbar z. B. eine Hohlwarze (f. Seite 82). Oder das Kind ist zu schwach zum Saugen. Dann drückt man alle zwei Stunden etwas Muttermilch in einen Teelöffel aus und gießt sie dem Kinde vorsichtig in den Mund, versucht aber zwischendurch immer wieder das Anlegen (vergl. § 306 Seite 99).

II. Das Kind ist jedesmal nach dem Trinken unruhig, leidet an Verstopfung, preßt häufig und hat viel Blähungen. Der Grund dafür ist gewöhnlich zu reichliche Nahrung.

Behandlung: Das Kind soll kürzere Zeit trinken, und wenn der Stuhlgang ausbleibt, ein Klystier bekommen. Auch nützt es oft, die Mutter reichlicher trinken und weniger Fett in der Nahrung zu sich nehmen zu lassen. Hat jedoch das Kind übelriechenden Durchfall und Erbrechen, dann Arzt!

III. Das Kind ist dauernd unruhig und gedeiht nicht, sein Leib ist nach dem Trinken straff und eingezogen. Urin- und Stuhlabgang erfolgen selten. Dann bekommt das Kind wahrscheinlich zu wenig Milch, was sich durch Wiegen vor und nach jeder Mahlzeit genau feststellen läßt. In solchem Falle muß Kuh- oder Ziegenmilch zugegeben werden.

Das Absetzen des Kindes von der Brust (Entwöhnung) ge=
schieht so, daß man allmählich immer weniger Brustmahlzeiten gibt
und dafür die Flasche oder in späteren Monaten Breie darreicht.
In den heißen Sommermonaten ist das Entwöhnen des Kindes mög=
lichst zu vermeiden.

b) Die Ernährung des Kindes an der Ammenbrust:

Der beste Ersatz für Muttermilch ist Ammenmilch. Die Amme
die der Arzt auszusuchen hat, soll gesund sein und gut faßbare
Warzen und reichlich Milch haben, was sich an dem Gedeihen ihres
eigenen Kindes am besten feststellen läßt. Ihre Entbindung soll
mindestens 6 Wochen zurückliegen. Ist eine Amme angenommen,
so soll sie ihre gewohnte Lebensweise, soweit es möglich ist, fort=
setzen, besonders bezüglich der Ernährung, da sie sonst leicht die Milch
verliert.

c) Die künstliche Ernährung des Kindes.

Nur wenn weder die Mutter noch eine Amme das Kind stillen
können, muß andere Milch gegeben werden. Am besten ist Kuhmilch
(oder Ziegenmilch, wenn frische Kuhmilch nicht zu haben ist), und zwar
solche von mehreren Kühen (Mischmilch), die Trockenfutter erhalten.
Andere Milch darf die Hebamme nicht verwenden. Natürlich darf
die Milch nicht abgerahmt sein, da sie sonst zu fettarm ist. Da die
Kuhmilch zuviel Eiweiß (Käsestoff) und zu wenig Zucker enthält im
Vergleich mit der Muttermilch (§ 233 Seite 75), muß sie verdünnt
und mit Zucker vermischt werden. Und zwar mischt man die Milch im ersten
Monat mit zwei Teilen, vom zweiten Monat an mit dem gleichen Teile
abgekochten Wassers und setzt zu 100 g der Mischung 5 g Milchzucker,
weniger gut Rohrzucker, zu. Das Mischen besorgt man jedesmal vor
der Mahlzeit in einer mit Teilstrichen versehenen Saugflasche, mit
Gummisauger, die dann dem Kinde gereicht wird. Die in der Flasche
übrigbleibende Milch ist fortzugießen. Etwa 36—37°, also körper=
warm, soll das Kind die Milch bekommen. Man stellt die Temperatur
genau genug fest, wenn man die Flasche an die Wange hält. Kann
man die Berührung eben noch gut aushalten, dann ist die Milch
nicht zu heiß. Verboten ist das Schmecken der Milch, indem man
selber aus der Flasche trinkt, weil die Milch dadurch verdorben
werden kann. Das Loch im Gummisauger darf nur so groß sein,
daß bei umgekehrter Flasche der Inhalt tropfenweise ausfließt, weil
das Kind sonst zu schnell schlucken müßte. Gedeiht der Säugling nicht
recht bei der künstlichen Ernährung, dann soll man es zunächst mit
einer stärkeren Milchmischung versuchen. Wird dadurch keine Besserung
erzielt, dann befrage man den Arzt!

Die Behandlung der Milch. Sie ist täglich frisch zu beziehen und sogleich 10 Minuten lang zu kochen. Dann wird sie in einem reinen zugedeckten Topfe kühl, am besten in einem größeren Topfe mit kaltem Wasser, aufbewahrt. Sehr praktisch ist der Milchkochapparat von Soxhlet. Man kocht in ihm so viele gefüllte Flaschen, wie für 24 Stunden nötig sind, auf einmal ab und kann sie dann fest verschlossen aufheben, ohne befürchten zu müssen, daß die Milch verdirbt. Vor den Mahlzeiten brauchen die Flaschen nur noch gewärmt zu werden.

Die Flaschen und Gummisauger müssen peinlich sauber gehalten werden, wenn die künstliche Ernährung dem Kinde nicht schaden soll. Nach der Mahlzeit wird die Flasche in Wasser gelegt und dann mit Bürste und Soda gereinigt. Ebenso wird der Sauger mit Sodawasser abgebürstet, nachdem man ihn umgekrempelt hat; hierauf soll er bis zum nächsten Gebrauch in abgekochtem Wasser liegen bleiben. Einmal täglich sind Flasche und Sauger auszukochen. Es gibt Gummisauger mit Glasröhre oder Gummischlauch, die aber gar nicht zu empfehlen sind, weil sie sich sehr schlecht reinigen lassen.

Streng verboten ist es der Hebamme, dem Kinde zur Beruhigung einen Saugbeutel (Schnuller) in den Mund zu stecken; dadurch würden nur Ernährungsstörungen oder Mundkrankheiten entstehen. Geradezu strafwürdig wäre das Einflößen von künstlichen Beruhigungsmitteln wie z. B. Mohnsaft.

4. Die Kleidung des Kindes ist bereits beschrieben (§ 217, Seite 70). Als Bett benutzt man ein kleines feststehendes Bettchen, einen Korb oder auch einen Wagen, niemals eine Wiege, deren Bewegung nur dazu da ist, das Kind zu betäuben. Wärmflaschen bedarf ein gesundes Kind nicht, da es selbst genügend Wärme erzeugt. Dagegen soll das Bettchen stets vorgewärmt sein und das Kind gut zugedeckt werden. Im Bett der Mutter darf das Kind nur liegen, solange es gestillt wird; dann soll es im eigenen Bett schlafen und nicht unnötigerweise herumgetragen werden. In späteren Wochen bringt man es fleißig an die Luft, wie überhaupt gute Lüftung des Zimmers, in dem sich das Kind befindet, nötig ist. Zugluft soll freilich vermieden werden. Eine Verdunkelung des Zimmers ist nicht nötig, da helles Tageslicht keinem Kinde schadet.

Die Kennzeichen einer kürzlich erfolgten Geburt.

Ob eine Frau bereits einmal geboren hat, erkennt die Hebamme (§ 272) an den beschriebenen Zeichen (§ 159 Seite 48). Sie kann aber

einmal um Auskunft ersucht werden, ob eine Frau erst kürzlich ge=
boren hat. Je länger die Entbindung schon her ist, desto schwieriger
ist natürlich die Beantwortung dieser Frage. Sind seit der Geburt
aber noch nicht 8 Tage verstrichen, dann kann die Hebamme durch
die schlaffen Bauchdecken den Gebärmuttergrund bei leerer Blase gut
fühlen. Die Brüste findet sie prall gespannt, voll Milch, die sich in
kräftigen Strahlen ausdrücken läßt; die Absonderung des Wochenflusses
ist deutlich. Ferner sieht sie bei Erstgebärenden die Verletzungen
des Scheideneingangs (Jungfernhäutchen, Schamlippenbändchen, Damm.
§ 171 Seite 52). Finden sich diese Verletzungen aber nicht, wie das
bei Mehrgebärenden der Fall sein kann, dann, aber auch nur dann,
darf die Hebamme nach verschärfter Desinfektion innerlich untersuchen.
Sie wird einen sehr weiten Muttermund mit schlaffen Rändern und
einen kurzen, weichen Scheidenteil finden.

Hat die Hebamme alle diese Veränderungen gefunden, so soll sie
doch niemals bestimmt behaupten: Diese Frau hat vor weniger als 8
Tagen geboren, sondern nur aussagen: Der Befund, den ich aufge=
nommen habe, ist so wie bei einer Wöchnerin in den ersten Tagen
nach der Geburt.

Kennzeichen eines neugeborenen Kindes.

(§ 273.)   Ein neugeborenes Kind trägt noch den Nabelschnurrest an sich,
entleert meist noch Kindspech und hat oft noch Spuren von Käseschleim
auf der Haut; auch ist häufig die Geburtsgeschwulst noch sichtbar.
Je deutlicher man sie sehen kann, je weniger die Nabelschnur schon
eingetrocknet ist und je mehr Kindspech entleert wird, desto kürzere
Zeit ist seit der Geburt verstrichen. Ist der Nabelstrang abgefallen
und die Nabelwunde noch vorhanden, so ist dies ein weiteres Zeichen
für die erst kürzlich erfolgte Geburt.

Fünfter Teil

Abweichungen vom regelmäßigen Verlauf der Schwangerschaft.

Die Krankheiten der Mutter. (§ 274—279.)

1. Unmittelbare Schwangerschaftsfolgen.

a) Von den Druckerscheinungen der schwangeren Gebär=
mutter (§ 136 Seite 42) können folgende eine krankhafte Verschlim=
merung erfahren:

I. Die Stuhlverstopfung kann zu heftigeren Beschwerden
führen wie Blähungen, Blutandrang zum Kopf, gestörte Nachtruhe.
Hilft dagegen regelmäßige Körperbewegung, fleißiger Genuß von ge=
kochtem Obst, ein Glas Wasser, morgens nüchtern getrunken, nichts,
so darf bisweilen ein Klystier verabfolgt werden. Bleibt die Besserung
dauernd aus, dann Arzt! — In seltenen Fällen beobachtet man eine
„hartnäckige Stuhlverstopfung", die zustande kommt:

1. Bei Darmverschlingung.

2. Bei Einklemmung eines Bruches. „Bruch" nennt man den
Durchtritt eines Darm= oder Netzstückes durch einen Muskelspalt der
Bauchwand, so daß unter der Haut eine Vorwölbung entsteht, die bei
allen Preßbewegungen (Heben, Husten z. B.) größer, beim Liegen
kleiner wird oder ganz verschwindet. Je nach dem Sitz des Bruches
unterscheidet man Nabelbrüche, Leistenbrüche (über der Schenkelfalte)
und Schenkelbrüche (unter der Schenkelfalte). Wird eine solch vor=
getretene Darmschlinge vom Muskelspalt eingeklemmt, so bekommt
die Kranke:

Hartnäckige Stuhlverstopfung und Erbrechen.

Wird die Einklemmung nicht durch schleunige Operation beseitigt,
so wird die betroffene Darmschlinge, deren Blutgefäße gleichfalls zu=
geklemmt sind, brandig (§ 118, Seite 36), die Kranke bekommt eine Bauch=
fellentzündung und kann sterben. Frauen mit Brüchen sollen ein Bruch=

band tragen. Werden sie schwanger, so zieht sich der Bruch meist von selbst zurück. Geschieht das nicht, dann Arzt!

II. Die Kindsadern an den Beinen, die sich auch an den äußeren Geschlechtsteilen bilden können, treten bisweilen so stark auf, besonders in der zweiten Schwangerschaftshälfte, daß den Frauen infolge von ziehenden Schmerzen und einem Gefühl von Schwere in den Beinen das Gehen sehr erschwert wird.

Behandlung: Sorge für guten Stuhlgang, zeitweises Hochlagern der Füße, Einwickelung des Beines vom Fuß bis zum Oberschenkel mit einer 3 Querfinger breiten Flanellbinde, Vermeidung enger Strumpfbänder.

Es kommen bei Kindsadern noch folgende ernstere Störungen vor:

1. Gerinnung des Blutes in den Knoten der Kindsadern, die sich dann hart anfühlen (§ 491, 495! Seite 149 und 150).

2. Entzündung der Kindsadern, häufig entstanden durch Kratzen an den Schenkeln.

Erkennung: Die Adern und ihre Umgebung röten sich, schwellen an und werden sehr schmerzhaft.

Behandlung: Bettruhe, Hochlagerung des Beines, Prießnitzscher Umschlag. Tritt nicht in wenigen Tagen Besserung ein, dann Arzt! Bildet sich ein Geschwür, dann gleichfalls Arzt!

3. Platzen eines Blutaderknotens, wodurch eine schwere Blutung entsteht.

Behandlung: Arzt!! Eine Schwangere, bei der große Blut= aderknoten bestehen, soll angewiesen werden, stets reine Watte bei der Hand zu haben, die sofort auf die blutende Stelle gedrückt wird. Die Hebamme behandelt einen an den Geschlechtsteilen geplatzten Ader= knoten ebenso, einen an den Beinen geplatzten nach den Vorschriften des § 119 Seite 36.

III. Die wäßrige Anschwellung der Füße und Unterschenkel kann sehr hohe Grade erreichen, so daß beim Eindrücken mit dem Finger eine deutliche Grube zurückbleibt.

Behandlung: Häufiges Liegen, Einwickeln der Beine.

Steigt die wäßrige Anschwellung bis über die Kniee hinauf, bis zum Oberschenkel, den Geschlechtsteilen und der Bauchhaut, dann be= steht meist eine Nierenerkrankung. Verminderung der Harnmenge und Kopfschmerzen werden dabei beobachtet.

Behandlung: Arzt! Bettruhe.

Sind auch Gesicht und Hände geschwollen, dann Arzt!!

b) Verschwindet das Schwangerschaftserbrechen in der 2. Schwanger= schaftshälfte nicht, erbricht eine Schwangere alle Speisen oder übergibt sie sich sogar bei leerem Magen, dann spricht man von „unstillbarem Erbrechen", das zum Tode führen kann. Die Frau magert ab, hat großen Durst und Schmerzen in der Magengegend.

Behandlung: Bettruhe, kalte flüssige Speisen, Sorge für Stuhlentleerung. Bleibt baldige Besserung aus, dann Arzt!

c) In seltenen Fällen stellt sich starker Speichelfluß ein.

Behandlung: Mundspülungen mit Wasser, dem einige Tropfen Alkohol oder Kölnisches Wasser beigemischt werden. Bei ausbleibender Besserung Arzt!

d) Ohnmachtsanfälle sind bei Schwangeren häufig, besonders beim Aufenthalt in schlecht gelüfteten Räumen (§ 165, 1. Seite 49), die deshalb zu meiden sind.

Behandlung: Lagerung mit tief liegendem Kopf, Öffnung enger Kleider, Bespritzen des Gesichts mit Wasser. Ist das Bewußtsein wiedergekehrt: Ein Schluck frisches Wasser.

e) Zu erwähnen sind noch Durchfälle, als Folge verdorbener Nahrung, übermäßigen Essens oder Erkältung.

Behandlung: Wenig Hafer- oder Reisschleim, warmer Tee, warme Umschläge auf den Leib. Tritt nicht baldige Besserung ein: Arzt!

2. Krankheiten, deren Entstehung keine Schwangerschaftsfolge ist. (§ 280—281)

Alle bekannten Krankheiten können schließlich auch einmal mit einer Schwangerschaft zusammentreffen. Besonders zu fürchten sind aber folgende:

a) Lungentuberkulose, die, nach scheinbarer Besserung während der Schwangerschaft, im Wochenbett meist eine erhebliche Verschlimmerung erfährt. Direkte Lebensgefahr kann unter der Geburt in Gestalt stärkster Atemnot oder gar eines Blutsturzes entstehen. Die Kinder, die häufig etwas zu früh geboren werden, pflegen zwar gesund, aber schwächlich zu sein. Gestillt dürfen sie von der Mutter nicht werden.

b) Herzfehler, die vielfach gar keine Beschwerden machen. Ist das Herz durch sie aber stark in seiner Kraft beeinträchtigt, so erwächst ihm aus der Schwangerschaft eine zu große Mehrarbeit, und es besorgt den Blutumlauf nicht mehr genügend. Die Kranken leiden dann an Atemnot, Blauwerden des Gesichtes und haben einen schnellen, kleinen Puls, alles Erscheinungen, die unter der Geburt sich bis zum Herzschlag steigern können. Ganz ähnliche Krankheitszeichen erlebt man bei Schwangeren mit Verkrümmung der Wirbelsäule oder mit einer Anschwellung der Schilddrüse (Kropf).

c) Alle fieberhaften Krankheiten verlaufen in der Schwangerschaft besonders schwer, besonders die ansteckenden z. B. Typhus, Pocken, welch letztere sogar auf das Kind übergehen können. Hört die Hebamme von einem Pockenfall in ihrer Gegend, so soll sie alle ihre Schutzbefohlenen zu erneuter Pockenimpfung veranlassen.

d) Die Syphilis. Hierbei hat die Hebamme die eigene Ansteckung am meisten zu fürchten. Über ihre Verhütung und Folgen vergl. § 85 und 381, S. 22 und 121.

Behandlung aller genannten Krankheiten: Arzt! Die Folgen für das Kind sind bei diesen Erkrankungen oft: Fehl oder Frühgeburt (§ 292 u. 295 Seite 95 und 96).

<table><tr><td>(§ 282—287.)</td><td>Die Krankheiten der Geschlechtsteile.</td></tr></table>

1. Ausflüsse:

a) Eine Vermehrung des schleimigen Scheidensekrets in der Schwangerschaft ist normal und erfordert nur peinliche Sauberkeit.

b) Reichlicher, eitriger Ausfluß ist meist auf den ansteckenden Schleimfluß zurückzuführen (§ 84 Seite 22); die Schwangerschaft ändert an dieser Erkrankung nichts.

Behandlung: Arzt! Ruhiges Verhalten der Frau und häufiges Abwaschen der Geschlechtsteile mit 1 proz. Kresolseifenlösung.

c) Fließt ab und zu helles Wasser aus der Scheide, so spricht man vom „Abgang von falschem Wasser", eine sehr seltene Erscheinung, die zur Schwangerschaftsunterbrechung führen kann.

2. Lageabweichungen der Gebärmutter.

a) Von Vorwärtsbeugung der Gebärmutter spricht man dann, wenn der Gebärmuttergrund, die Bauchdecken vor sich herschiebend, in den letzten Schwangerschaftsmonaten ganz nach vorn übersinkt, während der Scheidenteil hinten in der Kreuzbeinhöhlung hochsteigt. Der Bauch der Frau hängt dann stark vorne herunter, manchmal bis zu den Knien, so daß sich die Frau schwer bewegen kann und ziehende Schmerzen im Leib empfindet. Solch ein Hängebauch kommt vor

I. Bei Vielgebärenden mit schlaffen Bauchdecken, die der Gebärmutterlast nachgeben.

II. Bei engen Becken, bei denen der Kopf am Schwangerschaftsende nicht in das Becken eintreten kann. Dadurch geht der wachsenden Frucht Raum verloren, den sie durch stärkere Vorwölbung des Leibes wiedergewinnt.

Behandlung des Hängebauches:

I. In der Schwangerschaft muß der Leib mit breiter Flanellbinde über die Schultern hochgebunden oder sonst eine passende Leibbinde (z. B. die Schutzesche) angelegt werden.

II. Unter der Geburt: Bei Hängebauch infolge engen Beckens: Arzt! (§ 373, Seite 120). Auf alle Fälle aber: Sofortige Lagerung der Frau beim Auftreten der ersten Wehen, Hochbinden des Leibes mit Tüchern, die an die oberen Bettpfosten befestigt werden, und Hochschieben des Gebärmuttergrundes bei jeder Wehe, damit der Kopf ins Becken ein= treten kann.

Geburtsstörungen, die infolge Hängebauchs vorkommen können:

Querlage (§ 338, Seite 109); Vorliegen und Vorfall kleiner Teile (§ 343, Seite 111) oder der Nabelschnur (§ 347, Seite 111), vorzeitiger Blasensprung (§ 386, Seite 123).

b) Besteht eine seitliche Lageabweichung des Gebärmutter= grundes z. B. nach links, so rückt der Scheidenteil bekanntlich (§ 45, Seite 14) nach der entgegengesetzten Seite, also z. B. nach rechts, so daß der vorliegende Teil mit abweicht und nicht ins Becken eintreten kann. Dann lagert man die Frau auf die Seite, nach der der vorliegende Teil abgewichen ist (Regel im § 206, Seite 66).

c) Die Rückwärtsbeugung der schwangeren Gebärmutter ist weitaus am wichtigsten. Hierbei liegt die Gebärmutter hinten unten auf dem hinteren Scheidengewölbe, statt vorn auf der Blase, und der Scheidenteil rückt nach vorn oben hinter die Schamfuge. Entweder bestand die Rückwärtsbeugung schon, als die Frau schwanger wurde, oder sie entsteht plötzlich durch starkes Heben oder Pressen, was na= türlich nur in den ersten Schwangerschaftsmonaten geschehen kann. Später ist die Gebärmutter zu groß, als daß sie an dem Vorberg vorbei noch nach hinten umknicken könnte. Liegt eine schwangere Ge= bärmutter rückwärts gebeugt, so kann folgendes eintreten: Entweder

I. Bei zunehmendem Wachstum der Frucht richtet sich die Gebär= mutter oft von selber auf und nichts erinnert an eine Verlagerung, oder

II. die Gebärmutter richtet sich nicht auf.

1. Dann entleert sie sich entweder durch eine blutende Fehlgeburt oder

2. sie entleert sich nicht und drückt stark und immer stärker auf die Organe des kleinen Beckens: Einklemmung der rückwärts= gebeugten schwangeren Gebärmutter.

Folgen dieser Einklemmung:

1. Die Harnröhre wird zugedrückt, so daß die Schwangere zu= nächst schwer, dann gar nicht mehr urinieren kann, so daß die Blase sich außerordentlich, manchmal bis zum Nabel ausdehnt und infolge ihrer Spannung ab und zu etwas Harn auspreßt, was man „Harn=

träufeln" nennt. Tritt jetzt keine Hülfe ein, dann kann die Blasen= schleimhaut infolge des starken Wasserdruckes nicht mehr richtig ernährt werden, sie wird brandig, und die Frau stirbt dann meist an Blut= vergiftung.

2. Auch der Mastdarm wird zugedrückt, so daß Stuhlverstopfung eintritt.

3. Es stellen sich drängende, wehenartige Schmerzen im Leib ein.

Erkennung: Abgesehen von den für die ersten Schwangerschafts= monate höchst verdächtigen Harnbeschwerden weist folgender Unter= suchungsbefund auf die Einklemmung hin:

Pralle Geschwulst über der Schoßfuge (Blase).

Kugelige Geschwulst im hinteren Scheidengewölbe (Gebärmutter).

Hochstand des Scheidenteils dicht hinter der Schoßfuge.

Behandlung: Arzt!! Sofort aber: Schonender Versuch zu katheterisieren.

d) Bei Vorfall der Gebärmutter (§ 91, Seite 25) kann in der Schwangerschaft folgendes eintreten: Entweder

I. die schwangere Gebärmutter steigt in die Höhe, und Regel= widrigkeiten treten nicht auf, oder

II. die Gebärmutter fällt infolge starken Pressens in den ersten Schwangerschaftsmonaten wieder vor.

Sie schwillt dann stark an, Harn= und Stuhlverhaltung tritt auf, und es kommt schließlich zur Fehlgeburt.

Behandlung: Nach Entleerung von Blase und Mastdarm legt die Frau sich hin, den Steiß erhöht. Dann drückt die Hebamme die Gebärmutter mit der becherförmig zusammengelegten Hand durch die Schamspalte zurück, worauf die Frau bis zum 7. Schwangerschafts= monat meist liegen und häufig Urin und Stuhl lassen soll. Mißlingt das Zurückdrängen der Gebärmutter, dann Arzt!

(§ 288.) <h2 style="text-align:center">Die Krankheiten des Eies.</h2>

In seltenen Fällen geschieht es, daß sich sämtliche Zotten der Zottenhaut schon im Beginn der Schwangerschaft in Bläschen ver= wandeln, die durch kleine Stiele zusammenhängen, Linsen= bis Kirsch= größe erreichen und eine schleimige Flüssigkeit enthalten. Infolge= dessen muß die Frucht schon in den ersten Wochen absterben, worauf sie gänzlich aufgesogen wird. Der Inhalt der ganzen Gebärmutter= höhle besteht dann nur aus Bläschen und deren Stielen, und man nennt dieses ganze traubenartige Gebilde:

Blasemole. Sie wächst unter Bildung stets neuer Bläschen

sehr rasch, so daß der Gebärmutterumfang viel schneller zunimmt als
sonst. Die Bläschen können sogar in die Gebärmutterwand hinein=
wachsen, was zu starken Blutungen und sogar zu Gebärmutter=
zerreißungen führen kann. Im 3.—4. Monat wird die Blasenmole
als Fehlgeburt mit starken, manchmal sogar lebensgefährlichen Blu=
tungen geboren.

Erkennung: Die Frau hat wäßrigen oder blutigwäßrigen
Ausfluß, der Leib ist viel stärker ausgedehnt, als es dem Ausbleiben
der Regel entspricht, und es fehlen Kindsteile und Herztöne.

In dem abgehenden Blut schwimmen nicht selten kleine Bläschen,
durch deren Auffindung die Blasenmole sicher erkannt ist.

Behandlung: Eine mit Blasenmole schwangere Frau weist
die Hebamme an den Arzt. Eine mit Blasenmole kreißende Frau
wird behandelt, als läge eine einfache Fehlgeburt vor; also: Arzt und
Bekämpfung der Blutung (s. § 293 ff. S. 96).

Das Fruchtwasser kann in übergroßer Menge vorhanden sein; (§ 289.)
bis zu 10 l und mehr sind beobachtet worden, so daß der stark ge=
spannte und aufgetriebene Leib 110, 120 cm und mehr Umfang ge=
winnen kann. Dadurch sind die Druckerscheinungen der schwangeren
Gebärmutter verstärkt. (§ 136 S. 42.) Bei der häufig verfrüht
eintretenden Geburt kann sich die Gebärmutter ihrer übermäßigen
Ausdehnung wegen zunächst nur schlecht zusammenziehen, so daß die
Wehen erst nach dem Blasensprung besser werden. Hierbei kann
jedoch, weil die Frucht in der großen Wassermenge sehr beweglich ist,
alle möglichen regelwidrigen Lagen einnehmen kann und mit dem vor=
liegenden Teil meist nicht fest auf dem Becken steht, die ganze Frucht=
wassermenge zugleich abfließen und dabei schließlich noch die Nabel=
schnur oder ein kleiner Teil mit vorgeschwemmt werden. In der
Nachgeburtszeit sind endlich noch Nachblutungen zu fürchten, da die
anfangs zu stark gedehnte Gebärmutter sich nur schwer kräftig zu=
sammenzieht.

Erkennung: Der Leib ist sehr stark ausgedehnt, die Frucht ist
sehr beweglich, Kindsteile und Herztöne sind schlecht zu fühlen und
zu hören. Die an eine Bauchseite gelegte Hand fühlt, wenn man
mit einem Finger der anderen Hand gegen die andere Bauch=
seite klopft, kurz darauf einen wellenförmigen Anschlag des
Fruchtwassers.

Behandlung: Die Kreißende muß sofort gelagert werden,
damit der Blasensprung nicht vorzeitig erfolgt und nicht alles Frucht=
wasser dabei abfließt. Ist der vorliegende Teil sehr beweglich oder
gar nicht zu fühlen, dann: Arzt!

Bei zu geringer Fruchtwassermenge sind die Kindsbewegungen sehr schmerzhaft. Sonstige Störungen werden dabei nicht beobachtet.

(§ 290.)   Der Mutterkuchen kann auf seiner kindlichen Seite härtere, gelbgraue Stellen aufweisen, deren gelegentlich größere Ausdehnung dann an einer schlechten Entwickelung des Kindes schuld ist. Körnige Massen, die man auf der mütterlichen Seite häufig fühlt, sind Kalk= ablagerungen, denen keine Bedeutung zukommt. Bisweilen sitzt neben dem Mutterkuchen ein kleiner Nebenmutterkuchen in den Eihäuten. Bei Syphilis ist die Plazenta gewöhnlich sehr groß und besitzt Ver= änderungen, die jedoch mit bloßem Auge nicht zu sehen sind. Sie tragen wahrscheinlich die Schuld, daß bei Syphilis die Frucht so oft abstirbt.

(§ 291.)   Setzt sich die Nabelschnur nicht am Mutterkuchen an, sondern mehr oder weniger entfernt von seinem Rande in den Eihäuten, so spricht man von der häutigen Einpflanzung der Nabelschnur. Dann verlaufen die Nabelschnurgefäße von der Einpflanzungsstelle bis zum Mutterkuchen in den Eihäuten und müssen mit ihnen, falls sich grade diese Stelle als Blase stellt, beim Blasensprung zerreißen. Dann wird sich das Kind wohl stets verbluten, noch ehe der schleunigst gerufene Arzt helfen kann.

Schlüpft die Frucht in den ersten Monaten der Schwangerschaft durch eine Schlinge der Nabelschnur, so entsteht ein wahrer Nabel= schnurknoten, der sich zuziehen kann, so daß das Kind ersticken muß.

Besonders bei sehr langen Nabelschnüren — solche von 1,60—1,90 m Länge sind beobachtet worden — aber auch sonst kommen Nabel= schnurumschlingungen um Hals, Rücken, Arm oder Bein gar nicht selten vor. Gefahrvoll kann eine Umschlingung um den Hals da= durch für das Kind werden, daß, wie z. B. bei alten Erstgebärenden, der Kopf lange im Einschneiden steht; dann drückt der Nacken die Nabelschnur gegen die Schoßfuge, und das Kind kann ersticken. Des= halb muß die Hebamme, auch wenn sie schon mit dem Dammschutz beschäftigt ist, die Herztöne kontrollieren und bei deren Sinken an diesen Nabelschnurdruck denken und zum Arzt schicken.

Die sehr selten zu kurze Nabelschnur hat keine Bedeutung für die Hebamme.

Zerreißt die Nabelschnur wie z. B. bei einer Sturzgeburt (§ 356 Seite 114), so blutet es gewöhnlich nicht stärker, es sei denn, daß die Nabelschnur aus dem Nabel herausgerissen ist. In diesem Falle wird mit einem Wattebausch und einer Nabelbinde ein Druckverband hergestellt und zum Arzt geschickt, im anderen Falle die zerrissene Schnur einfach unterbunden.

Der Tod der Frucht in der Schwangerschaft. (§ 292.)

Ursachen:

1. Von der Mutter:
   a) Fieberhafte Krankheiten.
   b) Herz und Lungenkrankheiten.
   c) Syphilis (auch die vom Vater ererbte).
2. Vom Ei:
   a) Mißbildungen der Frucht.
   b) Wahre Nabelschnurknoten.
   c) Lösung des Mutterkuchens.
   d) Eihautfehler (z. B. Blasenmole).

Eine tote Frucht wird einige Tage oder Wochen nach dem Absterben geboren. Bis dies geschieht, vollzieht sich entweder

I. Die Erweichung. Dabei löst sich die Oberhaut in Blasen ab, so daß die braunrote Unterhaut sichtbar wird. Die Kopfknochen liegen schlotternd in ihrer Haut. Die Nabelschnur ist braunrot, aufgequollen und glatt. Ein blutigwäßriger Erguß füllt die Körperhöhlen an, so daß der Bauch aufgetrieben ist. Das Fruchtwasser sieht trübe und bräunlich aus. Die Eihäute bleiben jedoch unversehrt, so daß ihr Inhalt niemals faulig wird, da keine Luft mit Fäulnisspaltpilzen eindringen kann. Tritt diese Erweichung bei Früchten schon in den ersten Lebenswochen ein, so führt sie zu deren völliger Auflösung, so daß man später nichts mehr von ihnen findet (wie z. B. bei der Blasenmole).

Oder sehr viel seltener

II. Die Schrumpfung, wobei die Gewebe der Frucht völlig austrocknen. Das geschieht fast nur, wenn ein Zwillingskind stirbt und dann von dem anderen Zwilling gegen die Gebärmutterwand gedrückt wird.

Erkennung: In der ersten Hälfte der Schwangerschaft erkennt man den Fruchttod fast nur an dem Eintritt der Fehlgeburt, d. h. es fängt an zu bluten.

In der zweiten Hälfte bemerkt die Frau, daß die Kindsbewegungen aufhören. Sie hat ein Gefühl von Schwere und Kälte im Leib, leidet bisweilen an Übelkeit und Erbrechen und hat nicht selten die Empfindung, daß ein fremder Körper in ihrem Leib hin und herfällt. Vor allen Dingen zeigt es sich, daß die Schwangerschaft still steht, d. h. der Leibesumfang nimmt nicht mehr zu, und die Brüste schwellen ab. — Findet die Hebamme bei mehrmaliger Untersuchung keine Herztöne, fühlt sie keine Kindsbewegungen und kann sie beobachten, daß der Leibesumfang nicht zunimmt und der Gebärmuttergrund nicht höher steigt, dann kann sie erklären: die Frucht ist wahrscheinlich tot.

Behandlung: Da die tote Frucht der Mutter keine Gefahr bringt, wird die meist leichte Geburt ruhig abgewartet.

Die vorzeitige Unterbrechung der Schwangerschaft.

(Fehlgeburt, Frühgeburt.)

(§ 293—295.) Man teilt die Geburten vor der 40. Woche folgendermaßen ein:

1. Fehlgeburten (Aborte, unzeitige Geburten).

    a) solche mit Blutungen. Sie erfolgen im 1.—4. Monat.

    b) solche ohne Blutungen. Sie treten im 5., 6. und 7. Monat ein (bis zur 28. Woche!).

2. Frühgeburten (frühzeitige Geburten). Das sind die Geburten von der 29.—39. Woche.

Über die Früchte bei Fehl= und Frühgeburten siehe § 128 Seite 40. Die Fehlgeburten, besonders die bis zum 3. Monat, sind viel häufiger als die Frühgeburten. Fehl= und Frühgeburten können durch folgende Ursachen veranlaßt werden:

1. Von der Mutter im allgemeinen:

    a) Fieberhafte Krankheiten.

    b) Herz= und Lungenkrankheiten.

    c) Starkes Pressen (z. B. Heben), Fall oder Schlag.

2. Von der Mutter, im besonderen von ihren Geschlechtsteilen:

    a) Entzündungen der Gebärmutterschleimhaut.

    b) Rückwärtsbeugung der schwangeren Gebärmutter.

3. Vom Ei:

    a) Fruchttod.

    b) Blasenmole.

    c) Übergroße Fruchtwassermenge und Zwillinge.

Der Verlauf der Fehlgeburt in den ersten 4 Monaten.

(§ 296—303.) 1. Die Frau bekommt Wehen, und unter starken Blutungen wird das Ei ausgestoßen. Die Wehen, die durch eine der obengenannten Ursachen angeregt sind, öffnen den Muttermund und lösen das Ei in der Siebhaut, wobei zahlreiche Gefäße zerrissen werden. Das sich aus ihnen ergießende Blut dringt zunächst in die Eihäute ein und verwandelt das ganze Ei in einen Blutklumpen, Blutmole, oder, wenn es älter und dadurch fleischfarben geworden ist, Fleischmole genannt. Allmählich strömt das Blut auch nach außen, die Wehen öffnen den Muttermund immer mehr, und schließlich wird die Blut=

mole ausgestoßen. In ihr erkennt man, wenn man sie zerreißt, die Eihöhle an der klaren, glatten Wasserhaut. Vielfach findet man noch die Frucht, oder aber diese ist aus den zerstörten Eihäuten heraus= geschlüpft und unbemerkt abgegangen.

Ist alles geboren, so hört die Blutung auf, und der Mutter= mund schließt sich wieder.

Eine solche Fehlgeburt heißt eine vollkommene.

2. Zerreißen jedoch bei der Ausstoßung die Eihäute, die in dieser Zeit noch sehr dick sind, und bleiben Stücke von ihnen in der Ge= bärmutterhöhle, besonders an der Mutterkuchenstelle hängen, so ist die Fehlgeburt eine unvollkommene. Dann blutet es weiter, und der Muttermund schließt sich nicht.

3. Hat die Frau keine eigentlichen Wehen, sondern nur etwas ziehende Schmerzen im Kreuz und keine eigentlichen Blutungen, sondern nur Abgang von blutigem Schleim, fühlt sie sich außerdem elend und unwohl, so können dies die Vorboten einer Fehlgeburt sein. Dann ist der Muttermund noch nicht geöffnet, und es sind noch keine Teile des Eies (Frucht oder Eihäute) abgegangen. Man nennt diesen Zustand drohende Fehlgeburt. Die Erscheinungen dieser drohenden Fehlgeburt können wieder verschwinden, worauf die Schwangerschaft weitergeht, oder aber es setzen Wehen und Blutungen ein, und die Fehlgeburt kommt zustande.

4. Wird eine Frau bei der Fehlgeburt infiziert, d. h. geraten Fäul= nis= oder Eiterspaltpilze in die Gebärmutter hinein, dann zerfällt das Ei jauchig. Es geht übelriechender Ausfluß und stinkendes Blut ab, und die Frau kann an hohem Fieber mit Schüttelfrösten, ja sogar an richtigem Kindbettfieber erkranken. Eine solche Fehlgeburt nennt man eine jauchige.

Erkennung: Gibt eine Frau an, die Regel sei ein= oder zweimal ausgeblieben und sie blute jetzt, so handelt es sich meist um eine Fehlgeburt. Die Hebamme soll die Abgänge in Wasser werfen und suchen, ob sie Fetzen der Sieb= oder Zottenhaut findet. Gelingt dies, so handelt es sich sicher um eine Fehlgeburt. Gelingt dies nicht, aber auch nur dann, soll sie nach verschärfter Desinfektion innerlich untersuchen. Findet sie die Gebärmutter vergrößert und weich und den Muttermund etwas geöffnet, in dem vielleicht schon die Spitze der Blutmole fühlbar ist, so ist gleichfalls die Fehlgeburt sichergestellt.

(Über die anderen Blutungsursachen in der ersten Hälfte der Schwangerschaft siehe § 414 Seite 129.)

Behandlung: Arzt! bei jeder blutenden Fehlgeburt, selbst wenn die Fehlgeburt völlig beendet ist.

1. Bei drohender Fehlgeburt: die Frau wird ins Bett gebracht, sie soll sich ganz ruhig verhalten, sich nicht zu warm zudecken und keine erhitzenden Getränke genießen; vielleicht gelingt es so, die Fehlgeburt aufzuhalten. Innere Untersuchung und Scheidenspülungen, wodurch Wehen angeregt werden würden, sind verboten.

2. Bei einer im Gange befindlichen Fehlgeburt: die Frau wird ins Bett gebracht und erhält eine heiße Scheidenspülung. Wird die Blutung irgendwie bedrohlich, so wird die Scheide tamponiert (§ 95 Seite 27). Verfällt die Frau infolge starken Blutverlustes, so werden die Wiederlebungsmittel angewendet (siehe § 432 Seite 132).

3. Bei jauchiger Fehlgeburt: Arzt!!

Es wird nicht innerlich untersucht. Blutet es stärker, so macht die Hebamme eine Scheidenspülung mit Kresolseifenlösung. Nur im äußersten Notfalle, wenn es lebensgefährlich blutet, wird die Scheide tamponiert, worauf die Hebamme sich verschärft desinfiziert.

Nach jeder Fehlgeburt muß die Frau das Wochenbett streng innehalten und sich dann noch mindestens 2 Wochen schonen.

Der Verlauf der Fehlgeburten vom 5.—7. Monat und die Frühgeburt.

(§ 304—306.) Diese Geburten verlaufen meist wie eine rechtzeitige Geburt, aber viel leichter. Es stellt sich die Blase, sie springt. Das Kind wird geboren, es folgt die Nachgeburt. Blutungen treten nur in den Fällen auf, in denen es auch bei einer rechtzeitigen Geburt bluten würde, z. B. beim vorliegenden Mutterkuchen. Bisweilen wird das ganze unverletzte Ei auf einmal geboren.

Behandlung: Die Hebamme leitet die Geburt wie eine rechtzeitige.

Lebt das Kind nach der Geburt noch, so wird es, und mag es noch so klein sein, behandelt wie ein Wesen, welches erhalten werden kann. Selbst Früchte von 1000 g Gewicht sind schon am Leben geblieben. Ist bei solchen Kindern die erste schwere Zeit überwunden, so können sie später genau so kräftig werden wie rechtzeitig geborene Kinder. Nach der Geburt sollen die Kinder tüchtig schreien und wärmer (37°) gebadet werden.

Bei der weiteren Pflege kommt es an auf:

1. Wärme. Das Kind wird in Watte eingewickelt und im Bett mit Wärmeflaschen (nicht zu heiß, sonst verbrennt man die Haut) künstlich erwärmt. Wärmewannen, nämlich Wannen mit doppelten Wänden, zwischen die heißes Wasser gegossen wird, damit im Innern der Wanne dauernd eine Temperatur von 37° herrscht, kann man vielleicht leihen.

2. **Ernährung.** Dazu ist Mutter= oder Ammenmilch unbedingt notwendig. Alle Stunden, später 1½ stündlich, wird mit einem Löffel die aus der Mutterbrust mit der Hand ausgepreßte Milch dem Kinde vorsichtig eingeflößt. Ist es muskelstark genug, um selber saugen zu können, so sind die Aussichten auf Lebenserhaltung um so besser. Wenn auch das Kind infolge seiner Schwäche sehr schlafsüchtig ist, muß es doch regelmäßig zum Trinken geweckt und dabei jedesmal zum Schreien angeregt werden.

Die Schwangerschaft außerhalb der Gebärmutter.

Gelangt das befruchtete Ei nicht in die Gebärmutter, so bettet es sich im Eileiter oder sehr viel seltener auf dem Eierstock ein und bildet sich mit allen seinen Teilen (Eihäute, Mutterkuchen, Nabelstrang, Fruchtwasser und Frucht) hier aus. So entsteht die Eileiter= und die Eierstocksschwangerschaft. Gleichzeitig wandelt sich die Gebär= mutterschleimhaut in Siebhaut um. Natürlich kann die Frucht nicht geboren werden. (§ 307—309.)

Die Eileiterschwangerschaft erreicht entweder

1. in der ersten Schwangerschaftshälfte ihr Ende, dann kommt es

a) entweder zur Eileiterfehlgeburt, d. h. das Ei stirbt, weil es nicht genügend ernährt wird, ab, Blutungen verwandeln es in einen Blutklumpen, Eileitermole genannt, und schließlich wird das Ei durch das trichterförmige Fransenende in die Bauchhöhle geboren.

b) oder zum Platzen des Eileiters. Das wachsende Ei dehnt den Eileiter so stark aus, daß seine Wand immer dünner wird und schließlich platzt, worauf eine lebensgefährliche Blutung in die Bauch= höhle erfolgt.

In diesen beiden Fällen geht auch Blut, oft wochenlang aus der Siebhaut der Gebärmutterhöhle durch die Scheide ab, nicht selten auch Fetzen der Siebhaut.

2. oder sie geht in der zweiten Schwangerschaftshälfte zugrunde. Das Ei ist dann, da es im Eileiter nicht genügend Platz fand, in die Bauch= höhle hinausgewachsen und drängt die Gebärmutter stark nach der entgegen= gesetzten Seite. Früher oder später stirbt das Ei ab; es kann aber auch bis zur 40. Woche am Leben bleiben; dann bekommt die Frau Wehen, Blut geht aus der Gebärmutter ab, die Frucht stirbt und die Wehen hören wieder auf. Mit der toten Frucht kann nun folgendes eintreten:

a) Entweder die Frucht schrumpft und bildet sich zum sogenannten Steinkind um, das die Frau oft bis an ihr Lebensende in der Bauch= höhle trägt.

7*

b) Oder der Eisack vereitert, und die Eiterung bricht durch die Blase, den Mastdarm oder die Bauchwand nach außen durch, wobei dann die einzelnen Knochen der Frucht allmählich ausgestoßen werden.

c) Oder der Eisack vereitert und die Eiterung greift auf das Bauchfell über, worauf die Frau an allgemeiner Bauchfellentzündung sterben kann.

Erkennung:

1. der Eileiterfehlgeburt. Die Regel ist ein= bis zweimal aus= geblieben, die Frau blutet, sie hat wehenartige Schmerzen an einer Seite. Man fühlt innerlich neben der Gebärmutter eine Geschwulst.

2. des Platzens eines Eileiters. Ist bei einer Frau die Regel ein= bis zweimal ausgeblieben und stellt sich bei ihr plötzlich eine schwere Ohnmacht ein, der die Zeichen großer Blutarmut folgen, so muß sofort an eine innere Blutung gedacht werden.

3. der Eileiterschwangerschaft in späteren Monaten: Die äußere Untersuchung läßt die sicheren Schwangerschaftszeichen erkennen, jedoch auf der einen Seite die Kindsteile auffallend deutlich, weil sie dicht unter den Bauchdecken, unbedeckt von der Gebärmutterwand, liegen. Auf der anderen Seite fühlt man die Gebärmutter wie eine dicke, unregel= mäßige Geschwulst. Innerlich fühlt man den im kleinen Becken fest= sitzenden Eisack und vielleicht auch die stark in die Höhe geschobene Gebärmutter.

Behandlung: Arzt! Bei Zeichen innerer Verblutung wendet die Hebamme die Wiederbelebungsmittel an. (§ 432, Seite 132.)

Der Tod der Mutter in der Schwangerschaft.

(§ 310.)   Wenn eine Schwangere stirbt, so stirbt das Kind in der Gebär= mutter erst einige Minuten später und kann infolgedessen durch eine schnelle Operation, wenn es überhaupt schon lebensfähig ist, noch ge= rettet werden. Daher hat die Hebamme, sobald eine Frau in der 2. Hälfte ihrer Schwangerschaft aus irgendeiner Ursache zu sterben droht, sofort den Arzt!! zu benachrichtigen, der dann vielleicht das Kind noch retten kann.

Sechster Teil

Abweichungen von dem regelmäßigen Verlauf der Geburt.

Einleitung.

Die Regelwidrigkeiten beim Geburtsverlauf erfordern mit wenigen (§ 311—312.) Ausnahmen ärztliche Behandlung. Erkennt die Hebamme eine solche Regelwidrigkeit, oder vermag sie sich irgend etwas bei der Geburt nicht zu erklären, so hat sie für die Herbeiholung eines Arztes zu sorgen.

Nur in eiligen Fällen soll sie den Arzt durch Telephon oder Telegramm benachrichtigen, sonst stets durch eine schriftliche Meldung, die ein zuverlässiger Bote besorgt. Auf dem Meldezettel soll stehen:

Name und Wohnung des Arztes, Name und Wohnung der Kreißenden, wievielt Gebärende sie ist, ob die Blase noch steht oder wann sie gesprungen ist, wieweit der Muttermund eröffnet ist, welche Regelwidrigkeit vorliegt und der Name der Hebamme.

„Versäumt die Hebamme die Benachrichtigung des Arztes, so macht sie sich strafbar und trägt die ganze Verantwortung für den Ausgang der Geburt bei Mutter und Kind."

Wollen die Kreißende oder deren Angehörige einen Arzt nicht rufen lassen, so soll sich die Hebamme über die Weigerung eine schriftliche Bescheinigung geben lassen.

Für den Arzt hat die Hebamme stets bereitzuhalten:

1. Genügend kochendes Wasser.
2. Eine Schale zum Waschen.
3. Eine Schale mit fertiger Sublimatlösung.
4. Das Querbett.
5. Einen Platz zur Wiederbelebung des Kindes.

Die vom Arzt gebrauchten Instrumente hat die Hebamme zu reinigen.

Der regelwidrige Geburtsverlauf durch abweichende Stellungen, Haltungen und Lagen der Frucht.

a) Abweichende Stellungen (bei Schädellagen)

(§ 313.)　　1. Die Vorderhauptslagen (§ 189, Seite 60).

2. Der Querstand des Kopfes im Beckenausgang. Ist der Kopf klein oder das Becken weit, so tritt der Kopf bisweilen ohne sich zu drehen durch das Becken hindurch bis auf den Beckenboden. Man spricht dann auch von tiefem Querstand der Pfeilnaht.

Behandlung: Die Hebamme lagert die Frau auf die Seite der kleinen Fontanelle, die sich dann meist bald nach vorne dreht, worauf die Geburt gewöhnlich normal verläuft. Tritt jedoch die Drehung nicht ein: Arzt! Wie lange die Hebamme auf die Kopfdrehung längstens warten darf, geht aus § 354 Seite 114 hervor.

b) Abweichende Haltungen (bei Schädellagen).
Die Gesichtslage.

(§ 314—318).　　Unter 200 Geburten kommt es vielleicht einmal vor, daß meist infolge eines engen Beckens das Hinterhaupt des bei der Geburt tiefer tretenden Kopfes von der seitlichen Bogenlinie festgehalten wird. Die nach unten drückenden Wehen treiben deshalb zuerst die Stirn, dann das Gesicht und schließlich das Kinn tief in das Becken. Dadurch wird das Hinterhaupt fest nach hintenüber gegen den Rücken gedrückt, „in den Nacken geschlagen." Der Rücken muß sich strecken und die Brust sich vorwölben. Liegt der Rücken links, so handelt es sich um 1. Gesichtslage, liegt er rechts, um 2.

Wie bei Hinterhauptlagen die kleine Fontanelle, so dreht sich bei Gesichtslagen das vorangehende Kinn von der Seite nach vorn und unter die Schoßfuge, wobei die Stirn an das Kreuzbein rückt. Die der Pfeilnaht entsprechende Gesichtslinie, die man sich von der großen Fontanelle über den Nasenrücken zum Kinn gezogen denkt, steht im Beckeneingang quer, in der Beckenhöhle schräg, im Becken=ausgang gerade. Sodann wird zuerst das Kinn geboren, der Hals stemmt sich gegen die Schoßfuge, und Stirn, Vorder= und Hinterhaupt schneiden über den Damm. Die Geburtsgeschwulst sitzt auf der vorliegenden Gesichtshälfte und kann das Kind arg entstellen, weshalb man es der Mutter nicht sogleich zeigen soll.

Gefahr für Mutter und Kind: Da der Kopf mit größeren Durch=messern als bei der Hinterhauptlage durch das Becken tritt, das Becken meist eng ist, und das Gesicht die Weichteile nicht so gut dehnt

wie der runde harte Schädel, dauert die Austreibungszeit bei Gesichts=
lage meist lange, was bekanntlich schädlich ist (§ 351 ff, S. 113).

Dammrisse sind nicht selten. Durch die starke Streckung seines
Halses kann das Kind Schaden leiden.

Erkennung der Gesichtslage:

1. Äußere Untersuchung: Steiß, Rücken, kleine Teile, Kopf, Herz=
töne werden wie bei Schädellagen in gewohnter Weise wahrgenommen.
Jedoch ist dabei zweierlei auffallend:

I. Man hört die Herztöne am deutlichsten auf der Seite der
kleinen Teile, weil hier die vorgewölbte Brust der Gebärmutterwand
dicht anliegt.

II. Man fühlt oberhalb der Schoßfuge das in den Nacken ge=
schlagene Hinterhaupt als eine harte, runde Erhabenheit auf der Seite
des Rückens und darüber eine tiefe Furche, die Nackenfurche.

2. Innere Untersuchung: Vorsicht! damit die Augen nicht ver=
letzt werden. — Der vorliegende Teil, der beim Geburtsbeginn meist
hoch steht, ist flach und mit Unebenheiten besetzt: Mit dem hufeisen=
förmigen Kinn, das bei 1. Gesichtslage rechts, bei 2. links steht, dem
queren Spalt des Mundes und dem harten Nasenrücken.

Ist die Blase gesprungen, so muß man mit dem Finger in den
Mund eingehen und nach den harten Kieferrändern, der Zunge und
dem Gaumen fühlen, damit man den Mund nicht mit dem After
verwechselt. Eine solche Verwechselung ist nämlich infolge der Ge=
burtsgeschwulst möglich, welche den Mund dem After sehr ähnlich
machen kann.

Behandlung: Arzt! Die Hebamme sucht die Blase so lange wie
möglich zu erhalten und lagert die Frau vor dem Blasensprung auf
die Seite der kleinen Fontanelle, damit wenn möglich eine Hinter=
hauptlage entsteht. Nach dem Blasensprung kommt die Frau auf die
Seite des Kinns, weil dann das Hinterhaupt doch nicht mehr nach
unten tritt, das Kinn aber unbedingt vorausgehen muß. Es könnte
sonst folgende Lage entstehen:

Die Stirnlage.

Tritt bei zurückgehaltenem Hinterhaupt nicht das Gesicht mit (§ 319.)
dem Kinn voran tiefer, sondern die Stirn, so liegt das Kind in
Stirnlage. Diese Einstellung ist sehr ungünstig, da der Kopf mit
seinen größten Durchmessern durch das Becken geht. Zwar dreht
sich meist das Kinn doch schließlich noch nach vorn und unten, so daß eine
Gesichtslage entsteht. In seltenen Fällen aber bleibt die Stirnlage
bestehen. Dann stemmt sich bei der Geburt die Nasenwurzel gegen

die Schoßfuge, Vorderhaupt und Hinterhaupt schneiden über den Damm.

Behandlung: Arzt!!

c) Abweichende Lagen.
Die Beckenendlagen.

(§ 320—337.)   Bei den Beckenendlagen liegt das Kind mit dem Kopf in dem Gebärmuttergrund, mit dem Steiß über dem Beckeneingang. Je nach dem Teil, den man bei der Untersuchung zuerst erreicht, unterscheidet man

1. Steißlagen. Es gibt

a) Gemischte Steißlagen: Man fühlt neben dem Steiß einen oder beide Füße.

b) Reine Steißlagen: Man fühlt keinen Fuß neben dem Steiß; die Schenkel sind an dem kindlichen Körper in die Höhe geschlagen.

2. Fußlagen (seltener als Steißlagen). Es gibt

a) Vollkommene Fußlagen: Beide Füße liegen ausgestreckt nach unten.

b) Unvollkommene Fußlagen: Nur ein Fuß liegt vor.

3. Knielagen; bei ihnen fühlt man das Knie mit der breiten Kniescheibe. Sie werden im Verlauf der Geburt gewöhnlich Fußlagen.

Liegt bei all diesen Lagen der Rücken links, so spricht man von erster, liegt er rechts von zweiter Steiß=, Fuß= oder Knielage. Bei allen Beckenendlagen liegt die linke Seite des Kindes vor, wenn der Rücken links liegt, die rechte Seite, wenn er rechts liegt (also die gleichnamige Seite liegt vor! (Vgl. § 187, Seite 60).

Geburtsverlauf:

Setzen die Wehen ein, so rückt die Hüftbreite unter gleichzeitiger Drehung des Rückens von links oder rechts seitlich nach links oder rechts vorn ins Becken, im Beckeneingang quer oder schon schräg, in der Beckenhöhle schräg, im Beckenausgang gerade stehend, d. h. die vorliegende Hüfte mit der Geburtsgeschwulst liegt im Beckenausgang hinter der Schoßfuge, die andere Hüfte in der Kreuzbeinhöhlung. Dann drängt die vordere Hüfte die Schamlippen auseinander, und unter starker seitlicher Beugung des Rumpfes schneidet die hintere Hüfte über den Damm. Jetzt treten die Schultern im schrägen Durchmesser durch das Becken und im geraden aus, während der dann folgende Kopf im queren Durchmesser in das Becken eintritt, sich hierauf in den schrägen und schließlich so in den geraden dreht, daß der Nacken an der Haargrenze gegen die Schoßfuge kommt, und der Rücken nach vorne sieht. Endlich schneidet Gesicht, Vorder- und Hinterhaupt über den Damm.

In dieser Weise verläuft die Geburt bei sämtlichen Beckenend=lagen. Wenn jedoch bei unvollkommener Fußlage der ausgestreckte Fuß nicht vorn hinter der Schoßfuge, sondern hinten in der Kreuz=beinhöhle liegt, muß sich im Laufe der Geburt das Kind drehen, und zwar so, daß der ausgestreckte Fuß hinter die Schoßfuge und die „volle Hüfte" in die Kreuzbeinhöhlung tritt. — Nach dem Blasen=sprung erscheinen bei Fußlagen ein oder beide Füße bald in der Schamspalte. Zuerst bewegen sie sich, bald aber schwellen sie an, (Geburtsgeschwulst!), werden blau und bewegungslos. Das hat eben=sowenig zu bedeuten wie der Abgang von Kindspech, welches bei allen Beckenendlagen durch den Geburtsdruck aus dem Darm ausge=preßt wird.

Erkennung der Beckenendlage:

1. Äußere Untersuchung: Man fühlt den runden, harten Kopf im Gebärmuttergrund und den weichen, unebenen Steiß oberhalb des Beckens, zuweilen auf eine Darmbeinschaufel abgewichen. Kleine Teile sind oft schlecht zu fühlen, weil sie hinter der Darmbeinschaufel liegen; die Herztöne sind wie immer über der Gegend der kindlichen Schulter=blätter, also rechts oder links oberhalb des Nabels am deutlichsten hörbar.

2. Innere Untersuchung:

a) Steißlage: Der im Geburtsbeginn meist noch hochstehende, vor=liegende Teil fühlt sich weich an und hat zwei Höcker, die Hinter=backen. Zwischen diesen liegt eine Öffnung, der After, in den der Finger eindringen kann, ohne wie beim Mund harte Knochenränder zu fühlen. Nach hinten von ihm ist das bewegliche Steißbein und die rauhe Linie des Kreuzbeins zu tasten. Sieht die letztere nach links, so liegt auch der Rücken links: Also, 1. Steißlage; und um=gekehrt. Nach vorn vom After kommt man an die Geschlechtsteile, die beim männlichen Geschlecht deutlicher zu fühlen sind als beim weiblichen, durch die Geburtsgeschwulst aber stark angeschwollen und schlecht erkennbar sein können.

Erst wenn die Hebamme den After gefühlt hat, darf sie sagen, daß es sich um Steißlage handelt. Es könnte sich nämlich auch um eine Querlage handeln, bei der sich ganz ähnlich wie bei Steißlagen ein kleiner Teil an den Rumpf ansetzt, nämlich der Arm. Eine Querlage aber für eine Steißlage zu halten, wäre ein höchst gefähr=licher Irrtum (§ 341 Seite 110). Darum muß sich die Hebamme unbedingt darüber klar sein: Habe ich den After gefühlt oder nicht?

b) Fußlage: Man fühlt einen kleinen Teil, der im Geburtsbeginn sehr hoch steht und oft stoßende Bewegungen macht. Den knöchernen Vorsprung der Ferse kann man deutlich an ihm erkennen, was zur Unterscheidung von der Hand wichtig ist. Bei erster Fußlage sieht die Ferse nach links, bei zweiter nach rechts.

Gefahr für die Mutter: Erstgebärende erleiden öfter Dammrisse.

Gefahr für das Kind:

1. Ist das Kind bis über den Nabel geboren, so wird die Nabelschnur von den nachfolgenden Schultern und dem Kopf gegen die Beckenwand gedrückt. Dann erhält das Kind keinen Sauerstoff mehr und muß, wenn der Kopf nicht schnell geboren wird, unweigerlich ersticken.

2. Die auf die Nabelschnur drückenden Teile gehen langsam durch das Becken, also dauert der Druck längere Zeit. Es geht ja bei Beckenendlagen nicht der größte Teil des Kindes, der Kopf, voran, so daß, wo der hindurchgegangen ist, auch die anderen kleineren Teile (Schultern und Hüftbreite) leicht hindurchtreten können, sondern der kleinere Steiß geht voran. Insonderheit, wenn dessen Umfang ausnehmend gering ist, wie bei Fußlagen, dehnt er die Weichteile für die nachfolgenden Schultern und Kopf nicht genügend. Auch kann der weiche Steiß nicht ebenso gut dehnen wie der harte Kopf.

Schließlich kommt es nicht zum wenigsten darauf an, ob die allgemeinen Verhältnisse überhaupt einem schnelleren Durchtritt des Kindes durch das Becken und damit einem kürzer dauernden Nabelschnurdruck günstig sind (kleines Kind, weites Becken, Mehrgebärende) oder nicht (großes Kind, enges Becken, Erstgebärende).

3. Da der vorliegende Steiß das Becken schlecht abschließt, fällt beim Blasensprung die Nabelschnur leicht vor. Dann wird diese schon bei der Geburt des Steißes gedrückt und nicht erst, wenn der Nabel geboren ist.

4. Aus dem gleichen Grunde springt die Blase oft sehr vorzeitig, wobei dann nicht nur das Vorwasser, sondern alles Fruchtwasser abfließen kann. Dann werden die mütterlichen Blutgefäße im Mutterkuchen zu stark gedrückt (§ 183 Seite 58), wodurch bekanntlich die kindlichen Herztöne leiden. So kommt es, daß gar nicht selten, wenn der Nabelschnurdruck bei der Geburt einsetzt, das Kind bereits schlechte Herztöne hat. Demnach ist, je umfangreicher der Steiß, desto vollkommener der Abschluß des Beckens und desto günstiger der Geburtsverlauf: die gemischte Steißlage bedingt den größten Steiß-Umfang, die vollkommene Fußlage den kleinsten.

Behandlung: Arzt! Die Benachrichtigung, ob es sich um Erst- oder Mehrgebärende handelt, darf hierbei niemals fehlen.

Die Hebamme bringt, sobald sie eine Beckenendlage festgestellt hat, die Frau ins Bett und sucht die Blase so lange als möglich zu erhalten d. h. die Frau muß ruhig liegen, darf bei der Stuhlentleerung nicht pressen, und bei der inneren Untersuchung ist jeder Druck gegen die Blase ängstlich zu vermeiden. Sollte der Steiß abgewichen sein, so wird die Frau auf die Seite des Steißes gelegt.

Hat die Hebamme diese Anordnungen getroffen, so bereitet sie für das Ende der Geburt folgendes vor:

1. Einen Platz zur Wiederbelebung des Kindes (§ 462 Seite 139).

2. Ein Querbett. Der Arzt muß nämlich sehr häufig bei den Geburten in Beckenendlage zum Schluß eingreifen, um das Kind aus der Erstickungsgefahr zu befreien. Dieser Eingriff heißt „die Lösung der Arme und des Kopfes". Um ihn bequem ausführen zu können, legt man die Frau quer in das Bett, erhöht den Oberkörper etwas mit Hilfe von Kissen und bringt den Steiß der Kreißenden auf die Bettkante, ihn durch ein Kissen oder eine zusammengelegte Decke vor Druck schützend. Die Füße der Frau werden auf zwei vor dem Bett stehende Stühle gestellt, zwischen die ein dritter Stuhl für den Arzt kommt. Ferner soll ein Eimer vor dem Bett stehen und eine wasserdichte Unterlage unter den Steiß der Frau geschoben werden. Auch muß ein Handtuch zum Anfassen des schlüpfrigen Kindskörpers bereit liegen. — Sind nur zwei Stühle vorhanden, so lagert man die Frau schräg ins Bett (daher Schrägbett genannt). Dann bleibt ein Bein im Bett, daß andere wird auf einen Stuhl gestellt. Oder man läßt von einer Gehülfin die Beine gebeugt und gespreizt halten und braucht dann nur den einen Stuhl für den Arzt.

Springt die Blase, so desinfiziert sich die Hebamme und muß, wenn der Steiß noch beweglich steht, sofort innerlich untersuchen, um festzustellen, ob etwa die Nabelschnur vorgefallen ist. Ist dies der Fall, dann Arzt!!! (§ 347 Seite 111). Die Hebamme bleibt nun desinfiziert, d. h. umwickelt ihre Hände mit einem reinen Handtuch und läßt die Frau bei den nach dem Blasensprung einsetzenden Preßwehen nur schwach mitpressen, um ihre Kräfte für das gefahrvolle Ende der Geburt aufzusparen. Die kindlichen Herztöne müssen jetzt ganz besonders sorgfältig kontrolliert werden. Sollte ein Fuß vor der Schamspalte erscheinen, so wird er in eine gewärmte Windel eingeschlagen.

Niemals darf an dem vorgefallenen Fuß gezogen werden. Geschieht es doch, so schlagen sich die Arme des Kindes in die Höhe, und der Kopf streckt sich, indem das Kinn von der Brust abweicht. Dann ist die Lösung der Arme und des Kopfes stets notwendig. Oder es dreht sich gar infolge des Zuges der Bauch und nicht der Rücken des Kindes nach vorne. Dann ist die Lösung der Arme und des Kopfes gleichfalls sicher nötig, außerdem aber noch sehr schwer, so daß das Kind in die allergrößte Gefahr gerät.

Schneidet jetzt der Steiß ein, so wird die Frau auf das Quer= bett gelagert. Sollte der Arzt noch nicht eingetroffen sein, so bürstet sich die Hebamme ihre nach dem Blasensprung desinfizierten Hände noch einmal gründlich mit Sublimat ab und setzt sich auf den Stuhl zwischen die Schenkel der Frau, um die Lösung der Arme und des Kopfes selber vorzunehmen, sollte sie nötig werden.

Zunächst wird gewartet, bis der Nabel des Kindes geboren ist. Sollte die Nabelschnur zwischen den Schenkeln des Kindes hindurch= gehen, und das Kind, wie man sagt, auf der Nabelschnur reiten, so zieht man an dem über den Rücken hinaufgehenden Ende der Nabel= schnur, bis sie sich über den Schenkel streifen läßt. Sobald der Nabel geboren ist, wird die Frau aufgefordert, mit aller Kraft mitzupressen. Werden dadurch Schultern und Kopf nicht sofort geboren, so müssen sie ohne jedes Zögern gelöst werden.

Bei I. Steißlage mit der linken, bei II. mit der rechten Hand, hebt die Hebamme beide Beine des Kindes kräftig in die Höhe und geht mit Zeige= und Mittelfinger der anderen Hand, die der Seite des kindlichen Rückens entspricht, am Rücken in die Höhe bis zu der nach hinten gelegenen Schulter, von da den Oberarm entlang bis zur Ellenbeuge und drückt hier gegen den Arm, indem sie ihn über das Gesicht und die Brust des Kindes herunterstreift. Dann wird der Brustkorb des Kindes mit beiden Händen umfaßt, wobei die Daumen auf den Schulterblättern liegen, und durch eine kräftige Drehung das Kind so herumgedreht, daß der vordere Arm in die Kreuzbeinhöhlung kommt, von wo aus er sich leichter herabstreifen läßt. Er wird wie der erste Arm gelöst, und hierauf geht die Hand, die diesen letzten Arm gelöst hat, sogleich wieder in die Geschlechts= teile ein und mit 2 Fingern in den Mund des Kindes, während die andere Hand das Kind mit gespreizten Beinen auf den Unterarm der in den Geschlechtsteilen befindlichen Hand legt, „das Kind reiten läßt". Mit den Fingern, die im Mund des Kindes liegen, drückt die Hebamme nun das Kinn des Kindes vorsichtig aber fest gegen die Brust, ohne daran zu ziehen. Sollte der Mund noch seitlich stehen, so wird er erst nach hinten gedreht. Die andere Hand greift hierauf gabelförmig mit dem 2. und 3. Finger über die Schultern des Kindes und zieht, bis die Haargrenze des kindlichen Hinterhauptes sichtbar wird nach unten. Jetzt steht die Hebamme auf und hebt das

Kind langsam in die Höhe. Dadurch schneidet das Gesicht und der Kopf ganz von selber über den Damm. Gelingt es der Hebamme nicht, mit diesen Handgriffen das Kind herauszubefördern, so unterlasse sie jedes weitere Ziehen und warte die Ankunft des Arztes ab, wenn darüber auch das kindliche Leben erlischt. —

Das geborene Kind wird sogleich abgenabelt und, sollte es scheintot sein, wiederbelebt (§ 462 Seite 138).

Die Querlage.

Hierbei liegt die Frucht quer oder schräg in der Gebärmutter; (§ 338—342) dem Beckeneingang am nächsten steht die Schulter, weshalb man die Querlagen wohl auch Schulterlagen nennt. Liegt der Kopf links, so besteht erste, liegt er rechts, zweite Querlage. Ferner kann der Rücken vorne liegen; dann spricht man von erster Unterart, liegt er hinten, was viel seltener der Fall ist, von zweiter Unterart.

Querlagen kommen vor bei Frauen mit schlaffen Bauch- und Gebärmutterwandungen, also bei Mehr- und Vielgebärenden, außerdem bei Zwillingen, vielem Fruchtwasser, Hängebauch und engem Becken.

Handelt es sich um ein sehr kleines oder erweichtes Kind, so kann es geschehen, daß die Geburtswehen den kindlichen Körper zusammenknicken und ihn durch den eröffneten Muttermund hindurchtreiben.

Ist das Kind dagegen normalgroß, so kann es nicht geboren werden. Die Blase springt meist sehr früh, da kein kindlicher Teil das Becken abschließt, und die ganze Fruchtwassermenge fließt ab, was bekanntlich sehr gefährlich ist (§ 183 Seite 58). Dann wird die Schulter tief in das Becken hineingetrieben (verschleppte Querlage) und dadurch der untere Abschnitt der Gebärmutter, deren Gestalt jetzt mehr eiförmig geworden ist, stark gedehnt. Schließlich zerreißt er (§ 403 Seite 128). Das Kind stirbt jetzt, wenn es nicht schon infolge des Fruchtwasserabflusses erstickte. Auch die Mutter ist meist verloren.

Erkennung der Querlage:

1. Äußere Untersuchung: Der Leib ist quer ausgedehnt. Gebärmuttergrund und die Gegend über der Schoßfuge sind leer. Rechts und links fühlt man je einen großen Teil, die kleinen Teile am besten in der Nähe des Steißes. Sind sie besonders deutlich zu fühlen, so besteht wahrscheinlich eine 2. Unterart. Die Herztöne hört man am deutlichsten in der Mittellinie des Körpers, etwas mehr nach dem Kopf zu.

2. Innere Untersuchung: Vorsicht, damit die Blase nicht gesprengt wird! Ist gar kein kindlicher Teil zu erreichen, so soll die

Hebamme stets eine Querlage annehmen. Ist dagegen der Kinds=
körper zu fühlen, so findet man, besonders wenn die Blase schon ge=
sprungen ist:

a) Bei den ersten Unterarten: Rippen, das dreieckige Schulter=
blatt, einen Arm und die Schulter mit der Achselhöhle. Der in die
Achselhöhle eingedrungene Finger kann nach dem Kopfe zu nicht weiter
geschoben werden, weil, wie man sagt, die Achselhöhle nach dem Kopf
zu „geschlossen" ist. Nach dem Steiß zu läßt sich dagegen der Finger
zwischen Arm und Rumpf hin weiterschieben, man sagt, die Schulter
ist nach dem Steiß zu „geöffnet". Somit läßt sich aus dem Schulter=
schluß erkennen, wo der Kopf liegt.

b) Bei den zweiten Unterarten fühlt man: Rippen, kein Schulter=
blatt (oder, wenn es zu erreichen sein sollte, liegt es nach hinten),
einen Arm und den Schulterschluß.

Steht die Blase noch, so genügt es, wenn Rippen gefühlt sind;
denn damit ist die Querlage sichergestellt. Eine weitere Unter=
suchung könnte höchstens den Blasensprung herbeiführen.

Eine verschleppte Querlage für eine Steißlage zu halten, obwohl
kein After zu fühlen war, ist höchst gefährlich, ist aber deshalb schon
öfter geschehen, weil der vorliegende Arm infolge der Geburtsgeschwulst
stark anschwoll und dann für den Oberschenkel gehalten wurde. Bei
der verschleppten Querlage ist die Frau in größter Gefahr, da die
Geburt unmöglich ist, so daß schnellste ärztliche Hilfe vonnöten ist;
bei Steißlage ist das Eintreffen des Arztes dagegen weniger eilig zu
verlangen (§ 323 Seite 105).

Behandlung: Arzt!! Die Hebamme bringt die Frau ins
Bett und sucht die Blase, wie es bei der Steißlage beschrieben ist,
bis zur Ankunft des Arztes zu erhalten, da er dann die notwendige
Operation, nämlich die Drehung des Kindes aus der Quer= in eine
Längslage, am besten vornehmen kann. Ferner soll die Hebamme,
so lange die Blase noch steht, es versuchen, durch äußere Handgriffe
den Kindskopf auf den Beckeneingang zu leiten, damit eine Schädel=
lage entsteht:

Sie drückt mit der einen Hand den Kopf nach unten, während
die andere Hand den Steiß nach oben schiebt. Ist der Kopf in den
Beckeneingang gelangt, so wird die Kreißende auf diejenige Seite ge=
lagert, auf der vorher der Kopf stand, damit er nicht wieder abweicht.
Das läßt sich ferner durch eine fest um den Leib gelegte Binde oder
durch ein untergeschobenes Kissen verhindern.

Diese äußere Wendung des Kindes gelingt jedoch nicht immer,
soll aber mehrfach versucht werden. Sie ist die einzige, der Hebamme

bei Querlage erlaubte Hilfeleistung. Im übrigen hat sie den Arzt zu erwarten, der Frau unter allen Umständen das Mitpressen zu verbieten und einen etwa vorfallenden Arm in eine warme Windel einzuschlagen. Selbstverständlich darf sie niemals an dem Arm ziehen.

Das Vorliegen und der Vorfall kleiner Teile.

Wenn man neben dem vorliegenden großen Teil noch einen (§ 343—346.) kleinen Teil (Arm, Fuß oder Nabelschnur) fühlen kann, so nennt man das vor dem Blasensprung „Vorliegen", nach dem Blasensprung „Vorfall". In allen Fällen, in denen das Becken gar nicht oder nur unvollkommen durch einen Kindsteil abgeschlossen wird, also bei Querlage, engem Becken, vielem Fruchtwasser, Hängebauch und sehr kleinem Kopf kann solch ein Vorliegen bzw. Vorfall zustande kommen.

Behandlung: Liegt ein Arm vor, so lagert die Hebamme die Gebärende auf die dem Vorfall entgegengesetzte Seite; dann zieht sich der Arm beim Tiefertreten des Kopfes oft noch zurück.

Liegt ein Fuß vor oder handelt es sich um Vorfall von Arm oder Fuß, dann Arzt! Selbstverständlich darf nie an einem vor= gefallenen kleinen Teil gezogen werden.

Das Vorliegen und der Vorfall der Nabelschnur.

Schließt der vorliegende Teil das Becken nicht ab, wie z. B. bei (§ 347—349.) Querlage, so kann die Nabelschnur, besonders wenn sie sehr lang ist, oder der Mutterkuchen tief sitzt, neben dem vorliegenden Teil nach unten rutschen. Dann liegt sie, so lange die Blase steht, vor und fällt vor, sobald die Blase gesprungen ist. Tritt nun der vorliegende Teil tiefer, so drückt er die Nabelschnur an die Gebärmutter= und Beckenwand und verhindert in ihr den Blutlauf. Dann bekommt das Kind keinen Sauerstoff mehr und muß in kürzester Zeit ersticken, wenn keine Hilfe kommt.

Dieser peinliche Zufall tritt bei Quer= und Fußlagen am häufigsten, seltener schon bei Steißlagen ein. Am seltensten kann sich bei Kopflagen ein Nabelschnurvorfall ereignen, nämlich 1. bei Vielgebärenden, bei denen der Kopf oft lange beweglich über dem Becken bleibt, 2. bei vielem Fruchtwasser und 3. bei einem engen Becken, in das der Kopf nicht eintreten kann. (Demnach kann man bei einer Erstgebärenden mit Schädellage, die keine übergroße Fruchtwassermenge hat, aus einem Nabelschnurvorfall fast mit Sicherheit auf ein enges Becken schließen.)

Gefahr für das Kind: Liegt die Nabelschnur vor, so kann sie meistens bei der Wehe dem vorliegenden Kindsteil im Fruchtwasser ausweichen, wird also selten gedrückt.

Ist sie dagegen vorgefallen, so wird sie leicht abgedrückt und zwar am ausgiebigsten vom Kopf, der das Becken am besten ausfüllt, so daß das Kind in wenigen Minuten ersticken muß. Nicht ganz so gefähr= lich ist der Druck auf die Nabelschnur bei Steiß=, Fuß= oder Querlagen.

Erkennung: Fühlt man bei der inneren Untersuchung in der Fruchtblase etwas pulsieren im Takt der kindlichen Herztöne oder in der Scheide einen vorgefallenen pulsierenden Strang, so handelt es sich um die Nabelschnur, die auch mal aus der Schamspalte heraus= hängen kann, so daß man sie direkt sieht. Je langsamer die Nabel= schnur pulsiert, desto langsamer sind auch die kindlichen Herztöne und in desto größerer Erstickungsgefahr befindet sich das Kind. Fühlt man gar keinen Pulsschlag mehr, so müssen sofort Herztöne gehört werden. Sind solche nicht mehr zu finden, so ist das Kind tot.

Behandlung:

1. Bei Vorliegen der Nabelschnur: Arzt! Die Hebamme lagert die Frau auf die dem Vorfall entgegengesetzte Seite, damit sich die vorliegende Schlinge vielleicht noch zurückzieht, und sucht die Eiblase möglichst lange zu erhalten, wie bei Steißlage beschrieben ist.

2. Bei Vorfall der Nabelschnur: Arzt!!! Sollte die Nabel= schnur bis vor die Schamspalte vorgefallen sein, so bringt die Hebamme sie in die Scheide und hält sie dort mit warmer feuchter Watte zurück oder, wenn dies mißlingt, bedeckt sie sie vor der Schamspalte mit einem gleichen Stück Watte. Steht der vor= liegende Teil dagegen schon tief, so soll die Frau, so sehr sie kann, mitpressen, damit das Kind womöglich noch lebend geboren wird. Ist es jedoch schon tot, dann hat die Hebamme nichts weiter zu tun, als den Arzt zu erwarten.

Die Regelwidrigkeiten der austreibenden Kräfte.

(§ 350—358.)   Es können die Wehen zu schwach und zu stark sein.

1. Die zu schwachen Wehen: Die Wehen treten selten auf, dauern jedesmal kurze Zeit und fördern die Geburt schlecht.

Ursachen:

a) In der Eröffnungszeit: Sehr stark ausgedehnte Gebär= mutter (Zwillinge und übergroße Fruchtwassermenge), schlechte allgemeine Ernährung, sehr jugendliches oder höheres Alter (z. B. 35 Jahre).

b) In der Austreibungszeit: Die Wehenschwäche der Er= öffnungszeit kann sich fortsetzen oder die Wehenschwäche entsteht erst in der Austreibungszeit infolge von Ermüdung (sogenannte Er= müdungswehenschwäche, z. B. bei schwachen Frauen oder engem Becken), gefüllter Blase oder vollem Mastdarm.

c) In der Nachgeburtszeit: Die Wehenschwäche der Eröffnungs= und Austreibungszeit kann sich fortsetzen, oder es entsteht erst in der Nachgeburtszeit Wehenschwäche infolge von zu schneller Entleerung der Gebärmutter (z. B. bei Sturzgeburten), von vorliegendem Mutterkuchen, von gefüllter Harnblase und von schlechter Leitung der Nachgeburtsperiode (wenn z. B. vorzeitig oder ungeschickt der Credésche Handgriff ausgeführt oder gar am Nabelstrang gezogen wurde).

Gefahren der Wehenschwäche:

a) In der Eröffnungszeit: Mutter und Kind kommen nicht in Gefahr, jedoch wird die Geburt erheblich verzögert.

b) In der Austreibungszeit, insonderheit nach dem Blasensprung: Die Mutter kann Fieber bekommen, wenn infolge des übermäßigen Druckes durch den kindlichen Kopf die Weichteile (Scheide, vordere Muttermundslippe) geschädigt werden. Ferner wird nicht selten nach Eröffnung der Eihöhle durch den Blasensprung das Fruchtwasser mit Fäulnisspaltpilzen infiziert, es zersetzt sich dadurch und führt gleichfalls zu Fieber der Mutter (§ 368, Seite 119).

Das Kind erhält weniger Sauerstoff wie in der Eröffnungszeit (§ 183, Seite 58). Dauert nun infolge der schwachen Wehen die Geburt länger, so leidet es unter der Herabsetzung der ihm zugeführten Sauerstoffmenge. Es gerät in Erstickungsgefahr, was man an dem Sinken der Anzahl seiner Herztöne in der Wehenpause erkennt. Auch Kindspech geht dann häufig ab, jedoch nicht immer (§ 458, Seite 138). — Aus diesen Tatsachen leitet sich die Regel ab: Mit der Dauer der Austreibungszeit wächst die Gefahr für Mutter und Kind.

c) In der Nachgeburtszeit: Die Mutter kann sich infolge schlechter Zusammenziehung der Gebärmutter aus der Nachgeburtsstelle verbluten (§ 435, Seite 132).

Behandlung:

a) In der Eröffnungs= und Austreibungszeit:

Die Kreißende ist möglichst bequem zu lagern, auch darf sie etwas umhergehen, in der Austreibungszeit jedoch nur dann, wenn der Kopf den Beckenboden noch nicht erreicht hat, und die Wehen sehr selten sind. Trockene heiße Tücher, auf den Leib gelegt, sowie ein Vollbad, 35° warm und 10 Minuten lang, bessern zuweilen die trägen Wehen. Des öfteren soll die Kreißende etwas Nahrung zu sich nehmen und schluckweise Kaffee, Tee oder Wein als Kräftigungsmittel genießen. 10—20 Hoffmannstropfen können dargereicht werden. Nach 12 Stunden ist ein neues Klystier zu geben. Wehenpulver zu verabfolgen oder die Blase zu sprengen, ist strengstens untersagt.

Vor allen Dingen hat die Hebamme zu achten

1. Bei der Mutter auf

I. Die Harnblase. Die Kreißende muß regelmäßig Wasser lassen. Kann sie das nicht (z. B. in der Austreibungszeit) und wölbt sich die Blase gar als kugelige Geschwulst oberhalb der Schoßfuge vor, so muß der Katheter angewendet werden.

II. Die Temperatur. Besteht Fieber, dann Arzt!

2. Beim Kinde auf die Herztöne. Sind sie in der Wehen=pause verlangsamt, dann Arzt! Jedoch gibt es für diese Erstickungs=gefahr des Kindes einige Vorboten, die man bisweilen erkennen kann, ehe sich die Verlangsamung der kindlichen Herztöne bemerkbar macht. Nämlich: Wenn die Kopfgeschwulst sehr rasch anwächst, der Kopf bei der Wehe kaum tiefer rückt, in der Austreibungszeit die Geburt gar keinen Fortschritt erkennen läßt oder Kindspech abgeht, ohne daß dabei die Herztöne verändert sind, so ist zu erwarten, daß vielleicht plötzlich Erstickungsgefahr auftritt und zum Tode des Kindes führt, noch ehe der Arzt eingetroffen ist.   Deshalb ist vorgeschrieben:

I. Bei raschem Anwachsen der Kopfgeschwulst,

II. bei Abgang von Kindspech bei allen Nichtbeckenendlagen mit oder ohne Veränderung der kindlichen Herztöne,

III. Wenn in der Austreibungszeit nach Ablauf von 2 Stunden kein Fortschritt der Geburt zu bemerken ist,

ist der Arzt! zu rufen.

Ob die Geburt fortschreitet oder nicht, stellt die Hebamme durch häufige Anwendung des 4. Handgriffes fest.   Steht der Kopf jedoch schon tief, so muß sie öfter innerlich untersuchen, vergesse es aber nie: So selten wie möglich!

b) In der Nachgeburtszeit: Siehe § 434 ff., Seite 132.

2. Die zu starken Wehen:

I. Starke Wehen treiben das Kind sehr schnell durch die Ge=burtswege.   Ist der weiche Geburtsweg noch nicht genügend gedehnt, so können große Muttermunds= und Dammrisse entstehen.   Auch Nachgeburtsblutungen sind nicht selten.   Bisweilen findet die Kreißende nicht einmal mehr Zeit, ein Lager aufzusuchen, so schnell wird das Kind geboren.   Dann kann das Kind auf den Boden fallen (Sturz=geburt), die Nabelschnur kann zerreißen und sogar eine Gebärmutter=umstülpung entstehen.

Behandlung: Die Frau wird sofort gelagert, muß Seitenlage einnehmen und darf nicht mitpressen.   Sollte sie schon einmal eine Sturzgeburt erlebt haben, so ist ihr zu raten, gegen Ende der Schwanger=schaft das Haus nicht mehr zu verlassen.

II. **Krampfwehen:** In der Wehenpause erschlafft die Gebär=
mutter nicht völlig und der Wehenschmerz hört nicht ganz auf. Be=
rührung der Gebärmutter ist schmerzhaft. Die Frau ist aufgeregt
und hat eine erhöhte Pulszahl. Nicht selten zieht sich der untere
Gebärmutterabschnitt zusammen anstatt sich zu dehnen, so daß die Ge=
burt nicht fortschreiten kann. Ursache: Häufiges, unzartes inneres
Untersuchen oder Zerren am Muttermund, besonders bei vorzeitigem
Wasserabfluß, engem Becken und verschleppter Querlage. Folge: Das
Kind kommt infolge behinderter Sauerstoffzufuhr schnell in Erstickungs=
gefahr.

III. **Starrkrampf der Gebärmutter:** Die Gebärmutter zieht
sich ohne Wehenpause dauernd fest zusammen und fühlt sich steinhart
an. Ursache: Darreichung von Wehenpulvern, die das sogenannte
Mutterkorn enthalten. Folge: Das Kind erhält gar keinen Sauer=
stoff mehr und erstickt.

Behandlung der Krampfwehen und des Starrkrampfes: Arzt!
Die Hebamme hat jedes weitere Untersuchen zu unterlassen. Sie gibt
der Kreißenden warme Getränke, legt warme Umschläge auf den Leib
und verbietet das Mitpressen. Wenn möglich, soll die Frau ein Voll=
bad bekommen, 35° warm, ½ Stunde, das sie aber beim Auftreten
von Preßwehen sofort zu verlassen hat.

Regelwidrigkeiten der Bauchpresse: Wenn eine Frau ge=
lähmt ist, so vermag sie auch nicht mitzupressen. Die Austreibungs=
zeit dauert dann sehr lange, das Kind kann aber geboren werden.
Ferner wird von ängstlichen Erstgebärenden bisweilen schlecht mit=
gepreßt. Gutes Zureden und verständige Anleitung, wie die Wehen
am besten zu verarbeiten sind, helfen gewöhnlich.

Die Regelwidrigkeiten des Geburtskanals.
Der harte Geburtsweg (Das Becken).

Das Becken kann zu eng und zu weit sein. Ist es zu eng, so (§ 359—378.)
wird natürlich der Durchtritt des Kindes erschwert, ja er kann un=
möglich sein, so daß der sogenannte Kaiserschnitt ausgeführt werden
muß, bei dem Bauch und Gebärmutter aufgeschnitten werden, um die
Frau zu entbinden. Oder der Kopf, der größte Kindsteil, muß ent=
hirnt werden, um die Geburt zu ermöglichen und die Frau zu retten.
Solche Fälle, die durch stark verengte Becken veranlaßt werden, sind
jedoch selten. Ist das Becken zu weit, so kann, wenn auch selten,
die Geburt überraschend schnell erfolgen, wie bei den zu starken Wehen
(§ 356, Seite 114) mit den dort beschriebenen üblen Folgen.

Das enge Becken:

Es gibt verschiedene Formen von engen Becken, die folgender=
maßen eingeteilt werden:

1. Häufigere Formen:

    a) Rachitisch plattes Becken.

    b) Allgemein verengtes Becken.

    c) Einfach plattes Becken.

2. Seltenere Formen:

    a) Das durch Knochenerweichung verengte Becken.

    b) Das schrägverengte Becken.

    c) Das querverengte Becken.

    d) Das Geschwulstbecken.

    e) Das Trichterbecken.

1a) Das rachitisch platte Becken ist das häufigste. Es ist
durch die englische Krankheit (Rachitis) entstanden, die in den ersten
Lebensjahren auftritt. Dabei werden zu wenig Kalksalze in den
Knochen abgelagert, die infolgedessen weich bleiben und sich leicht ver=
biegen. Dadurch entstehen an den verschiedensten Knochen (z. B. an
der Wirbelsäule, dem Becken und den Beinen) Verkrümmungen, so=
daß derartig erkrankte Menschen klein und verwachsen aussehen.
Durch die Last des Oberkörpers wird insbesondere der Vorberg in
das Becken hineingetrieben, wodurch der gerade Durchmesser des
Beckeneingangs, der 11 cm betragen soll, um 2—3 cm, selten bis
auf 6 cm und noch weniger verkürzt wird, so daß der Beckeneingang
von vorn nach hinten plattgedrückt aussieht. Bei der inneren Unter=
suchung der Frau, die mit erhöhtem Steiß zu lagern ist, kann man
dann mit dem Mittelfinger, der neben dem Zeigefinger eingeführt
wird, hinten oben den knöchernen Vorsprung des Vorbergs fühlen.
Je leichter dies möglich ist, um so enger ist auch das Becken.
Ferner sind die Darmbeine und ihre Kämme abgeflacht, der Scham=
bogen klafft weit und der Beckenausgang ist erweitert. Kinder mit
dieser Krankheit lernen erst spät, im 4. oder 5. Lebensjahre, gehen
oder verlernen das Gehen wieder, so daß sie später angeben, zweimal
Gehen gelernt zu haben.

1b) Das allgemein verengte Becken zeigt die gewöhnliche
Beckenform, ist aber in allen seinen Durchmessern gleichmäßig ver=
engt, so daß der untersuchende Finger die Bogenlinie und wohl auch
den Vorberg erreichen kann. Bei sehr kleinen Frauen findet sich
diese Beckenform am häufigsten, so daß man bisweilen geradezu von
einem Zwergbecken reden kann.

1c) Das einfach platte Becken hat mit der englischen Krank=

heit nichts zu tun. Es ist im geraden Durchmesser des Beckeneinganges etwas verengt, im übrigen aber unverändert.

2a) Das durch Knochenerweichung verengte Becken verdankt seine Entstehung einer seltenen Krankheit, die bei Frauen in der Schwangerschaft beginnt und erst mit dem Absetzen des Kindes aufhört. Es schwinden dabei die Kalksalze, so daß die Knochen er= erweichen und sich stark verbiegen. Wird das Kind nicht mehr ge= stillt, so gewinnen die Knochen ihre frühere Härte wieder, die Ver= krümmungen aber bleiben bestehen. Bei erneuter Schwangerschaft tritt die Erweichung der Knochen (Osteomalacie) wiederum auf und führt zu weiteren Verunstaltungen. Die so entstehenden Becken= veränderungen sind meist sehr erheblich: Der Vorberg wird durch die Rumpflast von oben, die beiden Pfannengegenden durch den Druck der Oberschenkel von unten in das Becken hineingedrückt, die Schoß= fuge springt schnabelartig vor, und der Beckeneingang gewinnt da= durch die Gestalt eines Kartenherzens. Im Beginn der Erkrankung, die in bestimmten Gegenden z. B. im Rheintal öfter als an anderen Orten vorkommt, klagen die Frauen über „rheumatische" ziehende Schmerzen in den Hüften, so daß sie nur schwer und schließlich gar= nicht mehr gehen können. Die Beckenknochen werden auf Druck schmerzhaft und endlich bemerkt die Kranke, daß ihr die Kleider zu lang werden; sie wird nämlich kleiner.

2b) Das schräg verengte Becken findet sich bei Frauen, die eine seitliche Verkrümmung der Wirbelsäule oder eine Erkrankung eines Hüftgelenks oder einer Kreuzdarmbeinfuge haben. Solche Frauen hinken meist.

2c) Das querverengte Becken ist angeboren.

2d) Das Geschwulstbecken ist infolge von Knochengeschwülsten verengt.

2e) Ist eine Frau mit einem Buckel in der Lendenwirbelsäule behaftet, so entsteht leicht eine Verengung des Beckenausgangs, so daß das Becken an eine Trichterform erinnert (Trichterbecken*). Bei solchen Frauen reichen die Arme meist auffallend tief herunter, bis zu den Knien und noch weiter. Diese Beobachtung weist dann auf die Wirbelsäulenverkrümmung hin, die sonst leicht übersehen wird. — über Buckel in der Brustwirbelsäule vgl. § 280, Seite 89.

Schwangerschaft bei engem Becken: Da der Kopf nicht in das enge Becken eintreten kann, bleibt der Gebärmuttergrund im letzten Monat der Schwangerschaft hoch stehen, oder es bildet sich ein

---

*) Der Name „Trichterbecken" ist im Hebammenlehrbuch nicht genannt.

Hängebauch aus (§ 284, Seite 90). Sonst verläuft die Schwanger=
schaft normal.

Geburt bei engem Becken: Da der Kopf meist beweglich und
hoch über dem Beckeneingang steht und das Becken nicht abschließt,
wird bei einsetzenden Eröffnungswehen die ganze Fruchtwassermenge
gegen die Eiblase gedrängt. Diese springt deshalb leicht, noch ehe
sie den Muttermund bis über die Hälfte erweitert hat d. h. vorzeitig,
nicht selten sogar Stunden oder Tage vor dem eigentlichen Geburts=
beginn. Solch ein vorzeitiger Blasensprung hat bei engem Becken
besonders üble Folgen:

a) Verzögerung der Geburt (§ 386, S. 123). Sie ist in diesem
Falle noch besonders groß, da der Muttermund zunächst noch tief
und der vorliegende Teil, der ihn erweitern soll, noch hoch steht.

b) Das Nachwasser kann zum großen Teil abfließen, wodurch
das Kind leicht in Erstickungsgefahr gerät (§ 183, Seite 58).

c) Ein kleiner Teil (§ 343, S. 111) oder die Nabelschnur (§ 347,
Seite 111) kann vorfallen.

Nicht selten beobachtet man bei engem Becken regelwidrige Lagen:
Beckenend=, Quer= oder Gesichtslagen.

Wesentlich für den Durchtritt des Kindes durch ein enges Becken
ist folgendes:

a) Gute Wehen! Wenn auch die Größe des Kindes und der
Grad der Beckenverengerung nicht gleichgültig für die Geburt sind,
so sind doch meist die Wehen ausschlaggebend, da sie selbst ein großes
Kind noch durch ein ziemlich verengtes Becken hindurchzutreiben ver=
mögen, was schwachen Wehen wahrscheinlich nicht gelingen würde.

b) Die Art, wie sich bei Schädellagen der Kopf in das Becken
einstellt.

I. Bei rachitisch plattem Becken tritt gewöhnlich das Vorder=
haupt mit der großen Fontanelle, nicht wie sonst das Hinterhaupt mit
der kleinen, tiefer. Dadurch gerät der kleine quere Kopfdurchmesser
(8 cm!) in den verengten geraden Durchmesser des Beckeneingangs,
den er natürlich leichter passieren kann wie der große quere Kopf=
durchmesser (9,5 cm!), der seitlich vom Vorberg mehr Platz findet.
Zugleich wird das hintere Scheitelbein vom Vorberg zurückgehalten
und unter das vordere, das tiefer tritt, untergeschoben. Aus diesem
Grunde verläuft auch die Pfeilnaht zwar quer, aber näher am Vor=
berg, nicht wie sonst in der Mitte zwischen Schoßfuge und Vorberg.
Bei dieser sogenannten „vorderen Scheitelbeinstellung" fühlt
man also die Pfeilnaht am Vorberg und die große Fontanelle tief=
stehend, jedoch nur im Beckeneingang. Ist dieser überwunden, dann

tritt die kleine Fontanelle tiefer und die Pfeilnaht rückt mehr vom Vorberg ab. Dieser Verlauf ist der gewöhnliche und günstige. Jede andere Kopfstellung ist für das platte Becken ungünstig z. B. Tiefer=treten der kleinen Fontanelle, eine Gesichts= oder Stirnlage, besonders aber die hintere Scheitelbeinstellung. Hierbei wird nämlich das vordere Scheitelbein von der Schoßfuge zurückgehalten und unter das hintere geschoben, während dieses tiefer tritt. So kann das Kind nicht geboren werden. Man fühlt wieder den Tiefstand der großen Fontanelle, die quer verlaufende Pfeilnaht aber dicht hinter der Schoßfuge.

II. Bei allgemein verengtem Becken dagegen geht, weil es ja die gewöhnlichen Beckenformen hat, das Hinterhaupt mit der kleinen Fontanelle voran. Diese steht aber infolge stärkster Kopfbeugung sehr tief und ist ungefähr in der Führungslinie des Beckens fühlbar: Tiefstand der kleinen Fontanelle.

Gefahren: Da durch ein enges Becken das Kind natürlich schwerer hindurchtritt, wie durch ein normal gebautes Becken, und da ferner die Blase oft vorzeitig springt (s. o.), dauert die Geburt sehr lange und kann zu folgenden Schädigungen führen:

a) Der Mutter.

I. Weichteilquetschung: Der Kopf steht lange an der engen Stelle, drückt also auch lange auf die Weichteile, besonders auf die vordere Muttermundslippe, die Harnblase und die Harnröhre. Diese Teile schwellen zunächst stark an und entzünden sich, werden aber schließlich brandig, so daß im Wochenbett die abgestorbene Stelle sich abstößt, wodurch eine Harnfistel entsteht (§ 91, S. 25). Schweres lebensgefährliches Fieber im Wochenbett ist meist die andere Folge dieser starken Weichteilquetschung während der Geburt (§ 351, S. 113), die bei der hinteren Scheitelbeinstellung am häufigsten beobachtet wird.

Ihre Erkennung: Fieber, Pulsbeschleunigung, blutiger Urin, den die Frau selber nicht mehr lassen kann.

II. Gebärmutterzerreißung: Überwindet der Kopf die enge Stelle des Beckens nicht, dann kann sogar schließlich die Gebärmutter zerreißen (§ 404, Seite 128).

III. Infektionsgefahr: Infolge des oft frühen Blasensprunges ist die Eihöhle lange Zeit geöffnet, ehe die Geburt erfolgt. Fäulnis=spatpilze können in sie eindringen, so daß sich das Fruchtwasser und schließlich auch die Frucht, wenn sie abgestorben ist, zersetzen. Die faulenden Stoffe gehen dann in die Mutter über, die mit hohen Schüttelfrösten erkranken und an Blutvergiftung sterben kann (§ 351, Seite 113).

b) Des Kindes.

I. Erstickungsgefahr: Nicht nur infolge des garnicht so seltenen Nabelschnurvorfalles (§ 347, S. 111), sondern öfter noch wegen der langen Dauer der Austreibungszeit und der geringen Nachwasser=menge, die nach vorzeitigem Blasensprung in der Gebärmutterhöhle zurückbleibt, stirbt das Kind leicht an Erstickung (§ 183, Seite 58).

II. Kopfverletzungen: Daß der Geburtsdruck beim engen Becken außerordentlich stark werden kann, erkennt man an der großen Kopfgeschwulst, die sich gewöhnlich rasch bildet (§ 185, Seite 59). Wenn somit der Kopf kräftig gegen das Becken gepreßt wird, ist es nicht verwunderlich, wenn dabei Verletzungen entstehen. Man findet dann auf dem hinteren Scheitelbein, wo es am Vorberg vorbeigeht, entweder einen roten Streifen auf der Kopfhaut, oder eine gruben=förmige Eindellung an der gleichen Stelle oder gar einen Knochen=bruch. Entsteht zugleich ein Bluterguß in das Gehirn, dann muß das Kind an seiner Verletzung sterben.

Erkennung eines engen Beckens:

a) Durch Befragen: Die Hebamme erfährt von der Frau, sie habe als Kind spät oder gar zweimal laufen gelernt, ferner von einer Mehrgebärenden, daß sie schon schwere Geburten hinter sich hat oder schon tote Kinder am rechtzeitigen Schwangerschaftsende ge=boren hat.

b) Durch die Untersuchung: Verwachsungen der Frau, besonders an den Beinen und der Wirbelsäule, ein Hängebauch bei Erstgebärenden, ein hoch und beweglich stehender Kopf, vorzeitiger Blasensprung, so=wie Nabelschnur= oder Armvorfall weisen auf ein enges Becken hin, Erreichbarkeit des Vorberges oder der Bogenlinie (siehe oben 1 a und 1 b), eine Scheitelbeinstellung oder ein Tiefstand der kleinen Fontanelle machen diesen Verdacht zur Gewißheit.

Behandlung: Nicht nur, wenn ein enges Becken erkannt ist, sondern schon, wenn die Hebamme es nur vermutet:

a) In der Schwangerschaft Arzt! Vielleicht kann durch eine künstliche Frühgeburt ein leichterer Geburtsverlauf erreicht werden.

b) Unter der Geburt: Arzt! Die Eiblase soll möglichst lange geschont werden (§ 332, S. 107), die Urinblase muß häufig, nötigen=falls mit dem Katheter, entleert werden. Für den Arzt wird alles Nötige vorbereitet (Seite 101). Ist das Kind vom Arzt enthirnt worden, so soll die Hebamme es waschen, ankleiden und den Kopf mit einem Tuch oder Häubchen verbinden, ehe sie es den An=gehörigen zeigt.

Die Regelwidrigkeiten des weichen Geburtskanals.

1. Entzündungen:

a) Der ansteckende Schleimfluß: Erkenntlich an reichlichem, grünlichgelbem Ausfluß und an spitzen Feigwarzen, ferner daran, daß nach früheren Geburten beim Kinde eine Augenentzündung anfgetreten war (§ 84, Seite 22).

Behandlung: Arzt! Bis zu seinem Eintreffen reinigt die Hebamme den Scheideneingang mehrfach mit Watte und Kresolseifenlösung. Ist der Arzt bis zur Geburt nicht gekommen, dann verfährt sie folgendermaßen: Das Abwischen der Augenlider nach der Geburt des Kopfes muß ganz besonders sorgfältig geschehen. Spätestens $\frac{1}{2}$ Stunde nach der Geburt wird mitten in jedes Auge des Kindes ein Tropfen 1% Höllensteinlösung eingeträufelt, nachdem die Augenlider mit 2 Fingern auseinandergezogen sind. Sollte etwas von der Lösung aus dem Auge herausfließen, so wird es mit Watte abgetupft. Durch dieses Verfahren wird eine Augenentzündung (§ 502, Seite 152) sicher verhütet. Die Hebamme ist zu dieser Einträufelung verpflichtet, wenn sie ansteckenden Schleimfluß bei der Mutter auch nur vermutet.

b) Die Syphilis. Erkenntlich an Geschwüren der Geschlechtsteile und an breiten Feigwarzen (§ 85, Seite 22).

Behandlung: Arzt! Bis zu seinem Eintreffen wird die Schamspalte mit einem in 1% Kresolseifenlösung getauchten Wattebausch bedeckt. Innerlich untersucht die Hebamme nur im dringendsten Notfalle. Dazu zieht sie, um sich nicht selber anzustecken, einen Gummihandschuh an, dessen Dichtigkeit ganz besonders genau zu prüfen ist (§ 194, Seite 63 Nr. 23). Am wichtigsten ist die Verhütung einer Übertragung der bösartigen Krankheit, wie das im § 85, Seite 22 gelehrt ist. Die vielleicht tote Frucht wird für den Arzt aufbewahrt.

2. Narben:

a) Nach Operationen und nach Geschwüren infolge von Kindbettfieber, Pocken oder Typhus können Muttermund und Scheide derartig feste Narben tragen, daß die Dehnung für den Durchtritt des Kindes sehr schwer oder auch garnicht gelingt. Man fühlt solche Narben in Gestalt von harten Strängen.

b) Bisweilen ist das Jungfernhäutchen so derb, daß es sich nicht ordentlich dehnen kann.

c) Sehr selten ist die schleimige Verklebung des Muttermundes, dessen Erweiterung dann ausbleibt. Man fühlt ihn als kleines Grübchen ganz weit hinten; doch ist er oft schwer zu finden. Der vordrängende Kopf wölbt in solchen Fällen die vordere Scheidenwand stark vor und verdünnt sie derartig, daß man Nähte und Fontanellen durchfühlen kann.

d) Scheide und Gebärmutter wachsen aus 2 Kanälen zusammen. Bleibt deren Vereinigung teilweise aus, dann kann man wohl in der Scheide einen festen von oben nach unten verlaufenden Strang fühlen, der das Vorrücken des Kopfes erschwert. Erfolgt gar keine Vereinigung der beiden Kanäle, dann findet man eine doppelte Scheide und doppelte Gebärmutter.

Behandlung in diesen Fällen a—d: Arzt!

e) Bei alten Erstgebärenden d. h. bei Frauen, die bei ihrer ersten Entbindung bereits 30 Jahre alt sind, sind die Weichteile oft so wenig dehnbar, daß die Geburt sehr langsam verläuft (§ 354 und 355, Seite 112) Auch beobachtet man bei ihnen stärkere Weichteilzerreißungen (§ 405 und 406, Seite 129).

3. Geschwülste:

a) Krebs: Erkenntlich an den im § 87, Seite 23 beschriebenen Veränderungen. Da der Krebs die Dehnbahrkeit des Muttermundes aufhebt, kommt eine schwangere Krebskranke bei der Entbindung in Lebensgefahr.

Behandlung: Arzt! Hat die Hebamme innerlich untersucht, so verhält sie sich genau so, als habe sie eine Frau mit Kindbettfieber untersucht (§481, Seite 146): Sofort verschärfte Desinfektion, Meldung beim Kreisarzt, bis dahin Unterlassung jeder Berufsarbeit.

b) Muskelgeschwülste der Gebärmutter und Eierstocksgeschwülste (§ 89, Seite 24) sind gewöhnlich bei der Geburt nicht hinderlich, weil sie meist im großen Becken liegen. Bisweilen sitzen sie aber so tief im kleinen Becken, daß sie den Geburtsweg versperren, so daß das Kind nicht geboren werden kann. Muskelgeschwülste fühlt man bisweilen als gestielte „Polypen" im Muttermund liegen, wo sie Blutungen veranlassen können (§ 416, Seite 130).

Behandlung: Arzt! Auch dann, wenn eine Geschwulst nur vermutet wird.

Ganz allgemein gilt von diesen drei Geschwulstarten:

In der Schwangerschaft wachsen sie alle rasch, im Wochenbett dagegen werden die Muskelgeschwülste kleiner, die Eierstocksgeschwülste verändern sich nicht wesentlich, der Krebs macht dagegen starke Fortschritte in der Zerstörung der Gewebe, Blutungen und jauchigen Ausfluß hervorrufend.

Die Regelwidrigkeiten von seiten der Eihäute und des Fruchtwassers.

1. Springt die Blase „vorzeitig", d. h. ehe sie den Muttermund (§ 386—388.) bis über die Hälfte erweitert hat, dann kann der vorliegende Teil nicht in ihn eintreten.

Folgen:

a) Der vorliegende Teil schließt den Muttermund nicht ab, so daß ein großer Teil des Nachwassers abfließen kann, wodurch das Kind leicht in Erstickungsgefahr gerät (§ 183, Seite 58).

b) Steht der vorliegende Teil noch beweglich über dem Becken, dann kann ein kleiner Teil oder die Nabelschnur vorfallen.

c) Der vorliegende Teil dehnt den Muttermund längst nicht so gut und schnell wie die Eiblase, so daß durch einen vorzeitigen Blasen=sprung die Geburt eine erhebliche Verzögerung erleidet mit ihren schädlichen Folgen für die Mutter (Infektionsgefahr) und das Kind (Erstickungsgefahr) (§ 351, Seite 113).

2. Zu spät erfolgt der Blasensprung infolge sehr derber Eihäute, wenn er erst eintritt, nachdem der Muttermund schon verstrichen ist. Dann wölbt sich die Blase tief in den Geburtskanal, manchmal sogar bis vor die Schamspalte vor.

Folgen:

a) Durch die starke Verwölbung der Eiblase entsteht eine Zerrung der Eihäute am Mutterkuchen, der sich dann lösen kann, worauf eine Blutung entsteht.

Behandlung: Ist der Muttermund völlig erweitert und steht der vorliegende große Teil tief und fest im Becken, dann drückt die Hebamme mit dem Finger gegen die Blase, so daß sie springt. Sprengt sie die Blase ehe diese Bedingungen erfüllt sind, so begeht sie einen groben Kunstfehler, dessen üble Folgen eben beim vorzeitigen Blasen=sprung beschrieben worden sind.

b) Bisweilen wird der Kopf mit noch ungesprungener Blase ge=boren, so daß er ganz von Eihäuten, der sogenannten Glückshaube, überzogen ist. Oder das ganze unzerrissene Ei wird auf einmal ge=boren, was freilich meist nur bei vorzeitiger Schwangerschaftsunter=brechung geschieht.

Behandlung: Die Eihäute sind sofort zu zerreißen, damit das Kind atmen kann.

3. Geht vor dem Blasensprung Fruchtwasser ab, so handelt es sich entweder um einen hohen Blasensprung, d. h. die Eihäute sind über dem Muttermund zerrissen, während die eigentliche Eiblase noch

steht, oder seltener um „falsches Fruchtwasser", eine Flüssigkeit, die sich zwischen Sieb= und Zottenhaut bildet.

4. Grünlich wird das Fruchtwasser durch Beimengung von Kindspech (§ 354 u. 458, Seite 113 u. 138), rötlich=bräunlich bei erweichten Früchten (§ 292, Seite 95), übelriechend, wenn es sich zersetzt (§ 351 u. 368, Seite 113 und 119). In letzterem Fall unbedingt und sofort Arzt!!

Die Regelwidrigkeiten von seiten des Kindes.

(§ 389).   ## Übermäßige Größe des Kindes.

Auffallend große Kinder sind verhältnismäßig selten. Man nennt sie Riesenkinder, wenn sie 10 Pfund und mehr wiegen. Körperlängen bis zu 60 cm und darüber können vorkommen. Die Köpfe dieser Kinder sind härter, Nähte und Fontanellen enger als bei gewöhnlichen Kindern. In der Schwangerschaft verursachen sie eine stärkere Aus= dehnung des Leibes, unter der Geburt machen sie meist geringe Schwierigkeiten, wenn die Geburtswege und Wehen normal sind.

(§ 390—397).   ## Die mehrfache Schwangerschaft und Geburt.

Zwei Früchte, Zwillinge, kommen auf etwa 80 Geburten ein= mal vor. Viel seltener erlebt man Drillinge, noch seltener natürlich Vierlinge und Fünflinge. Zwillinge sind gewöhnlich schwächer ent= wickelt als Einlinge. Man teilt die Zwillinge ein in

1. Zweieiige: Zwei Eier sind gleichzeitig befruchtet worden und entwickeln sich nebeneinander, so daß jede Frucht ihre Wasserhaut, Zottenhaut und ihren Mutterkuchen hat. Beide Mutterkuchen können aber so dicht miteinander verwachsen sein, daß sie wie ein Mutter= kuchen aussehen. Die Früchte sind einander nicht ähnlicher wie sonst Geschwister.

2. Eineiige: Sie sind viel seltener wie die Zweieiigen und ent= wickeln sich aus einem Ei. Infolgedessen sind sie stets von gleichem Geschlecht, haben nur einen Mutterkuchen, eine gemeinsame Zottenhaut und sind sich körperlich wie geistig außerordentlich ähnlich. Die Wasser= haut hat gewöhnlich jeder Zwilling für sich, doch kann es vorkommen, daß nur eine einzige Wasserhaut beide Früchte umgibt, die dann in ganz seltenen Fällen zu einer Doppelmißbildung zusammengewachsen sein können.

In der Schwangerschaft sind die Druckerscheinungen der natürlich stärker ausgedehnten schwangeren Gebärmutter (§ 136 Seite 41) erheblich vermehrt. Stirbt ein Zwilling, so schrumpft er (§ 292 Seite 95) und wird erst mit dem anderen noch lebenden geboren.

Die Geburt tritt wegen der starken Gebärmutterdehnung gewöhnlich etwas vorzeitig ein. Meist liegen beide Kinder in Schädellage, aber auch Beckenend= und Querlagen, diese besonders beim zweiten Zwilling, sind nicht selten. Die Wehen sind bis zur Geburt des ersten Kindes gewöhnlich schwach aus dem gleichen Grunde wie bei übergroßer Fruchtwassermenge (§ 289 Seite 93), so daß die Eröffnungszeit recht lange dauern kann. Das zweite Kind, dessen Ausstoßung natürlich ein zweiter Blasensprung vorangeht, wird gewöhnlich ½ bis 1 Stunde später geboren, selten erst nach mehreren Stunden oder gar Tagen. In der Nachgeburtszeit tritt Wehenschwäche mit Nachblutungen (§ 350 u. 434 Seite 112 u. 132) häufiger auf.

Erkennung: Die Angabe der Frau, daß sie auf beiden Seiten Kindsbewegungen spüre, sehr starke Ausdehnung des Leibes, das Fühlen von mindestens 4 großen Kindsteilen oder 3 großen Teilen, die so gelagert sind, daß sie unmöglich einem Kinde angehören können, z. B. zwei im Gebärmuttergrund und einer über der Schoßfuge, machen Zwillingsschwangerschaft wahrscheinlich. Hört die Hebamme an zwei verschiedenen Stellen des Leibes deutliche Herztöne von verschiedener Zahl, so wird die Wahrscheinlichkeit schon größer. Besser ist es freilich, wenn die Herztöne in solchem Falle von zwei Personen gleichzeitig nach der Uhr gezählt werden. Sicher erkennt die Hebamme eine Zwillingsschwangerschaft, wenn sie nach der Geburt des ersten Kindes ein zweites in der Gebärmutter nachweisen kann. Deshalb soll sie auch erst dann der Kreißenden mitteilen, daß sie noch ein zweites Kind gebären würde. Vorher darf sie nur eine dahingehende Vermutung aussprechen.

Gefahren:

1. Für die Mutter: Nachgeburtsblutungen sind nicht selten.

2. Für die Kinder: Regelwidrige Lagen sind häufig, besonders beim zweiten Zwillinge, der ferner leicht in Erstickungsgefahr gerät.

Behandlung: Arzt! sobald die Hebamme Zwillinge vermutet und auch dann noch, wenn sie erst nach der Geburt des ersten Kindes die Zwillinge erkennt.

Ist der erste Zwilling geboren und der Arzt noch nicht zur Stelle, so hat die Hebamme folgendermaßen zu handeln:

1. Sie muß erkennen, daß sich noch ein zweites Kind in der Gebärmutter befindet: Bekanntlich hat die Hebamme nach der Geburt des Kindes den Gebärmuttergrund zu betasten (§ 214, Seite 69). Ist noch ein Kind vorhanden, so werden Leib und Gebärmutter hierbei als auffallend ausgedehnt erkannt werden, Kindsteile und Herztöne werden wahrzunehmen sein. Ist aber durch solche äußere Unter=

suchung ein zweites Kind nicht mit Sicherheit festzustellen, dann, aber auch nur dann, muß nach peinlichster verschärfter Desinfektion innerlich untersucht werden, ob sich noch eine zweite Blase gestellt hat und ob Kindsteile zu fühlen sind. Diese innere Untersuchung ist deshalb so gefährlich, weil der Geburtskanal durch die Geburt des ersten Kindes bereits verwundet ist, und diese Wunden nun infiziert werden können.

2. Die Abnabelung des ersten Kindes muß besonders sorgfältig geschehen, weil sich das zweite Kind aus dem Nabelstrang des ersten verbluten könnte. Auch soll das erste Kind irgendwie, z. B. durch ein Bändchen um das Handgelenk als erstgeborenes bezeichnet werden, was z. B. für Erbschaftsangelegenheiten wichtig werden kann.

3. Das zweite Kind kommt durch die erhebliche Verkleinerung der Gebärmutter, sowie durch die nicht seltene vorzeitige Lösung des Mutterkuchens nach der Geburt des ersten Kindes leicht in Erstickungs= gefahr (§ 183 u. 418, Seite 38 u. 130); deshalb müssen seine Herz= töne sorgfältig beobachtet werden. Liegt es in Querlage, so wird die äußere Wendung ausgeführt (§ 342, Seite 110), die meist gelingt, weil nach Ausstoßung des ersten Kindes Gebärmutterwand und Bauch= decken weniger gespannt sind.

4. In der Nachgeburtszeit ist die Wehenschwäche mit Nachblu= tungen zu fürchten (s. o.). Deshalb hat die Hebamme bis zur Geburt des Mutterkuchens sich lediglich um den Stand und die Beschaffenheit der Gebärmutter zu bekümmern. Die Kinder werden in diesen Fällen erst nach der Ausstoßung der Placenta gebadet und angekleidet.

Das Wochenbett macht bei Zwillingskindern wegen ihrer Früh= reife und schlechteren Entwickelung gewöhnlich Schwierigkeiten, noch mehr natürlich bei Drillings= und Vierlingskindern. Solche Kinder sind selten am Leben zu erhalten.

(§ 398—402.)   Die Mißbildungen des Kindes.

Sie entstehen schon ganz im Anfang der Schwangerschaft und lassen sich folgendermaßen einteilen:

1. Mißbildungen, die ein Geburtshindernis sind.

a) Der Wasserkopf, selten, entsteht durch Wasseransammlung im Gehirn, so daß der Kopf des Kindes so groß wie ein Mannskopf und größer werden kann. Das Becken ist natürlich für ihn zu eng, so daß, wenn keine Hilfe kommt, die Gebärmutter zerreißt (§ 404, Seite 128).

Erkennung: Bei Schädellagen ist über der Schoßfuge eine große, harte, rundliche Vorwölbung zu fühlen. Innerlich findet man den Kopf sehr hochstehend, seine Nähte und Fontanellen sind auffallend weit und groß. Bei Beckenendlagen gelingt weder die Geburt noch die Lösung des nachfolgenden Kopfes, der über der Schoßfuge wieder als besonders großer Teil zu fühlen ist.

Behandlung: Arzt! Jedes Pressen ist der Kreißenden zu verbieten.

b) Übermäßige Ausdehnung des Rumpfes entsteht durch Wasseransammlung in der Brust= oder Bauchhöhle, durch Verschluß der Harnröhre, so daß sich die Harnblase sehr stark füllt, und durch Geschwülste der Frucht (z. B. Nierengeschwülste), deren Umfang dann für den Durchtritt durch das Becken zu groß ist.

Erkennung: Nach der Geburt des Kopfes folgt der Rumpf nicht, so daß die Hebamme zur Entwickelung des Kindes an den Schultern schreiten muß. Diese Operation mißlingt aber.

Behandlung: Arzt!

c) Sehr selten entstehen bei eineiigen Zwillingen Doppelmiß=bildungen, die wohl auch einmal unverletzt geboren werden können. Gewöhnlich ergeben sich aber starke Störungen bei ihrer Geburt.

Erkennung: Sie gelingt der Hebamme wohl nie. Für ihr Verhalten genügt jedoch die Feststellung, daß der vorliegende Teil nicht tiefer tritt oder daß nach der Geburt des Kopfes der übrige Körper nicht folgt, auch nicht bei dem Versuch, das Kind an den Schultern zu entwickeln.

Behandlung: Arzt!!

2. Mißbildungen, die kein Geburtshindernis ergeben.

a) Solche die schleunigst operiert werden müssen:

Verschluß der Harnröhre und des Afters. Besonders eilig ist aber die Operation bei dem Nabelschnurbruch; hierbei sind die Bauchdecken in der Mittellinie nicht zusammengewachsen, der Nabel fehlt und der Überzug der Nabelschnur, die Wasserhaut, geht trichter=förmig in die weit auseinander stehenden Bauchdecken über. Dadurch entsteht eine Blase, in der ein großer Teil der Baucheingeweide liegen kann.

Behandlung: Arzt!! Bis zu seinem Eintreffen wird der ganze Leib mit Verbandwatte verbunden.

b) Solche, die durch eine spätere Operation heilbar sind:

Spaltungen der Oberlippe unter einem oder beiden Nasenlöchern nennt man Hasenscharte, bei der nicht selten eine Spaltung des harten Gaumens, ein „Wolfsrachen“, gleichzeitig besteht. In jedem Falle kann das Kind nur schwer oder garnicht saugen, so daß es bis zur Operation mit dem Löffel ernährt werden muß. — Eine Spaltung der Wirbelsäule mit sackförmigem Anhang läßt sich gleichfalls, wenn sie klein ist, durch Operation heilen, ebenso eine Spaltung der vorderen Bauch= und Blasenwand sowie die starke Anschwellung einer Hodensackhälfte, Wasserbruch des Hodensackes genannt. Überzählige oder zusammengewachsene Finger kann man abnehmen bezw. auseinander schneiden lassen.

c) Solche, die den Tod des Kindes bedingen:

Fehlt das Schädeldach, so daß das Gehirn ohne Bedeckung offen liegt, dann stehen die Augen auffallend weit vor, so daß man solche Mißbildungen Froschköpfe nennt. Sie werden tot geboren oder sterben gleich nach der Geburt. — Eine Öffnung an den Schädelknochen mit einem sackartigen Anhang nennt man Gehirnbrüche. Kinder, die damit behaftet sind, sterben gewöhnlich bald. Bei diesen beiden Mißbildungen wird die Hebamme einen ihr unerklärlichen Befund bei der inneren Untersuchung erheben, so daß sie schon deshalb den Arzt braucht.

d) Sonstige Mißbildungen: Die Geschlechtsteile des Kindes können derartig verbildet sein, daß die Entscheidung, ob das Kind als Knabe oder Mädchen dem Standesamte zu melden ist, selbst für den Arzt sehr schwer ist. — Muttermäler sind rötliche Flecken der Haut, verursacht durch ein Netzwerk von dicht unter der Haut gelegenen Blutgefäßen. — Zähne, die manchmal schon bei der Geburt vorhanden sind, fallen gewöhnlich bald wieder aus.

In jedem Falle von Mißbildung ist der Arzt zu Rate zu ziehen.

Besondere Zufälle unter der Geburt.

Zerreißungen:

(§ 403—410.)   1. Der Gebärmutter. Wenn das Kind nicht geboren werden kann, wie bei Querlage, Wasserkopf und engem Becken, so zerreißt schließlich die Gebärmutter in ihrem unteren Abschnitt; ein lebensgefährliches Ereignis.

Erkennung: Daß die Zerreißung droht, wird bisweilen erkannt an sehr starken und schmerzhaften Wehen; auch ist die Gebärmutter auf Druck schmerzhaft. Die Kreißende wird sehr unruhig; Puls und Temperatur sind erhöht.

Daß die Zerreißung eingetreten ist, wird erkannt an dem plötzlichen Aufhören der Wehen, einem heftigen Schmerz im Leib der Frau und mäßigem Blutabgang aus der Scheide. Da es hauptsächlich in die Bauchhöhle blutet, zeigt die Frau sehr bald die Zeichen der Blutarmut. Bei der äußeren Untersuchung fühlt man die Teile des in die Bauchhöhle geborenen Kindes sehr deutlich unter den Bauchdecken, daneben die kleine, harte Gebärmutter. Bei der inneren

Untersuchung fühlt man den vorliegenden Teil gar nicht mehr, oder er wird jetzt beweglich und höherstehend gefunden.

Folgen: Die Frau stirbt, wenn sie nicht schleunigst und mit Glück operiert wird, sogleich an Verblutung oder in den ersten Wochenbettstagen an Bauchfellentzündung. Das Kind erstickt sogleich infolge Lösung der Nachgeburt durch die sich zusammenziehende Gebärmutter.

Behandlung: Arzt!! Bei drohender Zerreißung wird die Frau auf den Rücken gelagert und ihr das Mitpressen verboten. Bei eingetretener Zerreißung werden die Wiederbelebungsmittel angewendet und ein Bausch Watte vor die Geschlechtsteile gelegt.

2. Des Gebärmutterhalses. Sie entstehen meist bei Operationen und können bis in die Bauchhöhle reichen. Auch bei sehr großem Kind und alten Erstgebärenden entstehen sie zuweilen. Sie bluten stark nach außen, aber erst in der Nachgeburtsperiode (siehe Seite 134).

3. Des Dammes. Sie entstehen oft bei Erstgebärenden, besonders bei alten, ferner, wenn der vorliegende Teil schnell durch die Schamspalte tritt, oder das Kind in Vorderhaupts-, Gesichts- oder Stirnlage geboren wird, und können durch die nachfolgenden Schultern noch vergrößert werden. Selbst der beste Dammschutz kann sie nicht immer verhüten. — Sie beginnen in der Scheide und gehen auf den Damm über. Ist auch der Schließmuskel des Afters zerrissen und womöglich noch das untere Mastdarmende, so heißen sie „vollständige Dammrisse". In diesem Falle kann die Frau weder Blähungen noch dünnen Stuhl halten, im anderen Falle sind Frauenleiden die Folge (§ 91 Seite 25).

Behandlung: Ein guter Dammschutz ist das beste Mittel gegen einen Dammriß. Ist doch ein solcher eingetreten, so erkennt ihn die Hebamme bei der Besichtigung des Dammes, die nach jeder Geburt stets vorzunehmen ist. Reicht der Riß bis zur Mitte des Dammes oder darüber, so ist der Arzt! zur Ausführung der Naht zu erbitten. Bis zu seinem Eintreffen wird ein Wattebausch mit Kresolseifenlösung gegen den Damm gelegt.

Die Blutungen. (Zusammenstellung). (§ 411—417.)

1. In der Schwangerschaft.

a) Seltene Blutungen: Ein Blutaderknoten an den äußeren Geschlechtsteilen kann platzen. Er ist dem Auge direkt zugänglich. Oder eine Krebsgeschwulst oder ein Polyp können den Blutabgang verursachen. Beides wird durch die innere Untersuchung am Muttermund gefühlt. (Behandlung § 278 und § 385 Seite 88 und 122.)

    b) Häufigere Blutungen:

      I. Bis zum 4. Monat der Schwangerschaft handelt es sich bei Blutungen am häufigsten um eine Fehlgeburt (§ 300 Seite 96).

      II. Vom 5. Monat an kommt vorzeitige Lösung des Mutter=kuchens bei regelmäßigem oder regelwidrigem Sitz in Frage. (§ 418 und 419 Seite 130).

Viele Schwangerschaftsblutungen, am meisten die häufigeren Blutungen unter b, können die Geburtstätigkeit in Gang bringen.

2. Unter der Geburt.

a) In der Eröffnungs= und Austreibungszeit.

I. Können die Nabelschnurgefäße beim Kinde bei häutigem Ansatz der Nabelschnur zerreißen (§ 291 Seite 94) oder es blutet bei ein=eiigen Zwillingen der 2. Zwilling aus der schlecht unterbundenen Nabelschnur des 1. Zwillings (§ 395 Seite 126). Nur in diesen Fällen blutet das Kind.

II. Kann wiederum ein Blutaderknoten platzen oder ein Krebs oder Polyp vorhanden sein. (§ 278 und 385 Seite 88 und 122).

III. Kann die Gebärmutter zerrissen sein.

IV. Kann sich der Mutterkuchen bei regelmäßigem oder regel=widrigem Sitz vorzeitig lösen.

In diesen Fällen (Nr. 2—4) blutet nur die Mutter. Jedoch gerät auch das Kind in Gefahr. Es erstickt, da es zu wenig Sauer=stoff erhält, entweder weil die Mutter infolge des großen Blutverlustes selber zu wenig aufnehmen oder weil sie dem Kinde bei gelöster Nachgeburt zu wenig mitteilen kann.

b) In der Nachgeburtszeit.

I. Kann es aus einem unter der Geburt entstandenen Riß bluten.

II. Kann es aus der Nachgeburtsstelle bluten, wenn sich die Gebärmutter infolge von Wehenschwäche mangelhaft zusammenzieht.

(§ 418—431.)   **Die vorzeitige Lösung des Mutterkuchens.**

a) Bei regelmäßigem Sitz.

Blutet eine Frau in der 2. Hälfte der Schwangerschaft oder unter der Geburt, ist weder ein Blutaderknoten geplatzt, noch durch innere Untersuchung ein Krebs, Polyp oder tiefsitzender Mutterkuchen zu fühlen, so hat sich der regelmäßig sitzende Mutterkuchen vorzeitig gelöst. Es geschieht dies, wenn die Frau fällt, gestoßen wird oder stark preßt (z. B. bei schwerem Heben, starkem Husten), oder wenn der Mutter=

kuchen erkrankt ist. Das hinter den Mutterkuchen aus zerrissenen Adern sich ergießende Blut löst die Eihäute, strömt dann nach außen und kann so die Geburt in Gang bringen. Häufig steht die Blutung nach dem Blasensprung.

Eine geringe Blutung kann wieder zum Stehen kommen. Man erkennt sie erst bei der Geburt an alten Blutgerinfeln, die auf der mütterlichen Seite der Nachgeburt sitzen.

b) Bei regelwidrigem Sitz.

Der vorliegende Mutterkuchen.

Hat sich das Ei nicht im oberen, sondern im unteren Gebär= mutterabschnitt eingenistet, so bildet sich auch der Mutterkuchen hier in der Nähe des Muttermundes (fast nur bei Mehrgebärenden). Fühlt man ihn von hier aus neben den Eihäuten, so liegt er un= vollständig vor, fühlt man von hier aus nur Mutterkuchen, so liegt er vollständig vor. Ist der Muttermund geöffnet, so fühlt man den Mutterkuchen als schwammige Masse, ist der Muttermund noch ge= schlossen, so fühlt man ihn wie ein weiches Polster zwischen Finger und vorliegendem Teil. Da der untere Abschnitt der Gebärmutter schon in der 2. Schwangerschaftshälfte, besonders aber unter der Ge= burt gedehnt wird, muß sich der Mutterkuchen unter Blutungen lösen. Je vollständiger er vorliegt, je ausgibiger die Dehnung, desto stärker die Blutung.

Die Blutungen treten plötzlich auf, schubweise und werden, je näher zur Geburt, um so heftiger. Unter der häufig vorzeitigen Ge= burt blutet es am stärksten.

Es kann die Blutung mit dem Blasensprung zum Stehen kommen, wenn nur ein kleiner Teil des Mutterkuchens vorliegt, oder der vorliegende Teil beim Tiefertreten die Blutgefäße zudrückt. Wird der Mutterkuchen vor dem Kind geboren, so spricht man vom Vorfall des Mutterkuchens.

Gefahren für die Mutter: Sie kann sich, sogar unentbunden, verbluten. Nachgeburtsblutungen sind häufig und deshalb so gefährlich, weil die Frau schon viel Blut verloren hat. Im Wochenbett tritt leicht Fieber auf, weil bei vorliegendem Mutterkuchen fast stets tamponiert und operiert werden muß und die offenen mütterlichen Gefäße der Scheide so nahe sitzen, daß Spaltpilze leicht in sie hinein= gebracht werden können.

Gefahr für das Kind: Es stirbt häufig an Erstickung infolge der vorzeitigen Lösung des Mutterkuchens.

Behandlung der vorzeitigen Lösung des Mutterkuchens, gleich=
gültig, ob er regelmäßig oder regelwidrig sitzt.

Arzt! Die Frau wird ins Bett gebracht und abgewartet. Blutet
es weiter: Heiße Scheidenspülung. Blutet es trotzdem stärker:
Tamponade der Scheide (§ 95, Seite 27), die bis zum Eintreffen
des Arztes liegen bleibt.

Treten Preßwehen auf, welche die Tampons nach unten ver=
treiben, so ist die Tamponade zu entfernen. Bluten wird es dann
meist nicht mehr.

In der Nachgeburtszeit ist auf Blutungen ganz besonders zu
achten. Eintretende Blutarmut wird nach folgenden Vorschriften bekämpft.

(§ 432—433.) **Die lebensbedrohlichen Erscheinungen der Blutarmut und ihre Behandlung.**

Verliert eine Frau sehr viel Blut, so wird sie auffallend blaß
und kalt, der Puls ist schnell und kaum fühlbar. Ohnmachts=
anwandlungen, Übelkeit, Erbrechen und krampfhaftes Gähnen können
sich einstellen.

Sehr groß wird die Lebensgefahr, wenn die Frau sich angstvoll
und aufgeregt im Bett hin und her wirft, über Ohrensausen oder
Funkensehen klagt oder gar die Sehkraft verliert. Der Puls ist nicht
mehr zu fühlen, die Frau ringt schwer nach Atem.

Stirbt die Frau, so wird die Atmung unregelmäßiger und ober=
flächlich und steht schließlich ganz still. Einige Sekunden später hört
auch das Herz auf zu schlagen.

Behandlung: Arzt!! Die Hebamme lagert den Kopf der Frau
tief, flößt ihr, ohne den Kopf aufzurichten, 20 Hoffmannstropfen in
Wasser, schluckweise Wein, Schnaps oder schwarzen Kaffee ein, was
mehrfach wiederholt werden darf, und sorgt für sehr warme Bedeckung.

Helfen diese Mittel nicht bald, dann wird der nächste Arzt!!!
geholt und ½ Liter warmes Wasser in den Mastdarm einlaufen ge=
lassen. Tod der Frau ist sofort dem Kreisarzt zu melden.

(§ 434—447.)   **Die Blutungen in der Nachgeburtsperiode.**

a) Infolge von Wehenschwäche.

Bisweilen zieht sich die Gebärmutter nach der Geburt des Kindes
schlecht zusammen (Wehenschwäche in der Nachgeburtszeit § 357,
Seite 113). Dann werden die Blutgefäße in ihr nicht genügend zu=
sammengedrückt, so daß ihnen reichlich Blut entströmt. Dieses füllt
zunächst die Gebärmutterhöhle an (innere Blutung), besonders wenn

ein Eihautfetzen oder Blutklumpen den inneren Muttermund verlegt, kann aber auch zum großen Teil nach außen strömen (äußere Blutung).

Behandlung: Arzt!! Die Hebamme hat aber sofort

I. die Gebärmutter zu entleeren, da nur die entleerte Gebär= mutter sich zusammenziehen kann. Es wird der Credésche Handgriff ausgeführt (§ 219, Seite 71), wobei die Nachgeburt, wenn sie noch nicht geboren war, und große Mengen flüssigen und geronnenen Blutes herausgedrückt werden.

II. dafür zu sorgen, daß die entleerte Gebärmutter gut zu= sammengezogen bleibt, was an ihrer Härte leicht erkennbar ist. Zu diesem Zwecke

1. reibt sie den Gebärmuttergrund sanft mit der vollen Hand.

2. Blutet es weiter oder wird die Gebärmutter wieder weich, so führt die Hebamme zuerst wieder den Credéschen Handgriff aus, macht dann eine heiße Scheidenausspülung und bindet den Leib ein: Einige zusammengerollte Handtücher werden vor und hinter den Gebärmutter= grund auf den Leib gelegt und 2 zusammengeheftete Handtücher über die Gebärmutter wie eine Binde fest um den Leib gebunden. Statt dessen kann man auch 8—10 Pfund feuchten, kalten Sand in eine Windel füllen und diesen Sandsack für 24 Stunden auf den Unter= leib der Frau legen.

Da Nachgeburtsblutungen infolge von Wehenschwäche leicht wieder= kehren, muß die Hebamme volle drei Stunden nach Stillung der Blutung bei der Frau bleiben und sich öfter von der festen Zu= sammenziehung der Gebärmutter überzeugen.

In seltenen Fällen gelingt es mit dem richtig und mehrfach aus= geführten Credéschen Handgriffe nicht, die Nachgeburt aus der Ge= bärmutter zu entfernen. Das kann liegen

1. an einem Krampf im Gebärmutterhals, so daß er für den Durchtritt der Nachgeburt zu eng ist. Dann wurde meist die Nach= geburtsperiode falsch geleitet.

2. an Verwachsungen zwischen dem Mutterkuchen und der Gebär= mutterwand.

Behandlung: Arzt!! Die Hebamme verzichtet auf die Ent= leerung der Gebärmutter und

I. reibt den Gebärmuttergrund vorsichtig weiter und macht eine heiße Scheidenspülung von mindestens 1 Liter.

II. führt die Lösung der Nachgeburt aus, jedoch nur dann, wenn die Blutung lebensbedrohlich wird und der Arzt noch nicht zur Stelle ist. Auf dem Querbett wird die Frau desinfiziert und die Hebamme desinfiziert ihre Hand und den Arm bis über den

Ellbogen hinauf verschärft. Sodann faßt die eine Hand den Nabel=
strang, ihn leicht anspannend (das einzige Mal, wo etwas am Nabel=
strang gezogen werden darf!), während die andre Hand an ihm ent=
lang zum Mutterkuchen in die Gebärmutter geht. Nun drückt die
äußere Hand den Gebärmuttergrund der inneren Hand entgegen, die
von der Ansatzstelle der Nabelschnur aus an den Rand des Mutter=
kuchens geht, sich diejenige Stelle aufsuchend, wo er bereits gelöst ist.
Von hier aus bringt die Hand mit der Kante langsam und ohne
starken Druck zwischen Gebärmutterwand und Mutterkuchen vor,
diesen durch vorsichtiges Hin= und Herschieben lösend. Ist er gelöst,
so wird er mit der Hand nach außen gezogen und für den Arzt auf=
bewahrt. Die nun entleerte Gebärmutter wird, sollte es noch bluten,
so behandelt, wie eben beschrieben wurde: Sanftes Reiben, heiße
Scheidenausspülung, Einbinden des Leibes.

Die Lösung der Nachgeburt ist eine gefährliche Operation, da die
Hand gar leicht Keime in die Gebärmutteradern hineinbringen und
sogar die Gebärmutterwand zerreißen kann. Von ihrer Ausführung
ist dem Kreisarzt unverzüglich Meldung zu erstatten.

b) Infolge von Zerreißungen.

Der blutende Riß kann sitzen:

1. am Gebärmutterhals.
2. in der Scheide.
3. in der Gegend des Kitzlers.
4. an den Schamlippen: Geplatzter Blutaderknoten.

Die Verletzungen Nr. 1 und 2 findet die Hebamme durch die innere
Untersuchung, die unter 3 und 4 kann sie mit dem Auge direkt sehen.

Behandlung: Arzt!! Querbett. Blutet es von innen heraus,
so geht die Hebamme mit 3 Jodoformwattetampons in die Scheide
ein und drückt sie kräftig gegen den Riß, während die äußere Hand
den Gebärmuttergrund nach unten drückt. Nach 10 Minuten zieht
sie die innere Hand zurück, läßt die äußere liegen und beobachtet, ob
es noch blutet. Ist dies der Fall, so wird wiederum von innen ge=
drückt, bis der Arzt eintrifft.

Blutet es von außen her, so wird ein Jodoformwattetampon fest
gegen den Riß gepreßt.

Erkennung und Unterscheidung beider Arten von Nachge= burtsblutungen.

a) Blutet es infolge von Wehenschwäche, so ist der Gebärmutter=
grund weich und steht ungewöhnlich hoch, manchmal am Rippenbogen.

Er ist dann schwer abzugrenzen. — Das Blut geht stoßweise ab, meistens längere Zeit nach der Geburt.

b) Blutet es aus einem Riß, so ist die Gebärmutter hart und steht an gewohnter Stelle. Das Blut fließt im gleichmäßigem Strome nach außen, stets sogleich nach der Geburt.

Sämtliche Nachgeburtsblutungen sind gewöhnlich sehr stark und können in kürzester Frist das Leben bedrohen. In solchen Fällen sind außer den vorgeschriebenen Handgriffen die Wiederbelebungsmittel anzuwenden.

Der schwerste Fehler ist es, bei Nachgeburtsblutungen die Scheide zu tamponieren. Dann würde die Frau infolge einer inneren Blutung ihr Leben einbüßen.

Die Umstülpung der Gebärmutter. (§ 448.)

Bei falschem Druck auf die schlaffe Gebärmutter, bei Zug an dem Nabelstrang oder infolge einer Sturzgeburt kann sich in der Nachgeburtszeit der Gebärmuttergrund bis in den Muttermund herunterſenken (unvollkommene Einstülpung) oder durch den Muttermund gar nach außen vorwölben (vollkommene Umstülpung). Dann blutet es meist sehr heftig, und man fühlt oder sieht im Muttermund oder in der Schamspalte eine rötliche, kuglige Geschwulst, während bei Betastung des Leibes die Gebärmutter nicht zu finden ist.

Behandlung: Arzt! Die Hebamme lagert das Gesäß der Frau hoch, verbietet ihr jedes Pressen und legt einen Wattebausch mit Kresolseifenlösung gegen die Geschwulst. Bei stärkerer Blutung darf sie dabei einen mäßigen Druck ausüben.

Die Blutgeschwulst.

Platzt bei der Geburt unter der Haut eine Ader der äußeren (§ 449.) Geschlechtsteile oder der Scheide, so ergießt sich Blut in das umgebende lockere Gewebe. Dann kann die Schamlippe aber auch die Scheide stark anschwellen und sich bläulich verfärben.

Behandlung: Arzt! Die Hebamme legt einen Wattebausch auf die Anschwellung, wenn sie sichtbar ist.

Die allgemeinen Krämpfe der Schwangeren, Gebärenden und Wöchnerinnen (Eklampsie).

In der Schwangerschaft, unter der Geburt und im Wochenbett (§ 450—454. (sonst nie!) treten bisweilen bei Erst=, sehr selten bei Mehrgebärenden sogenannte eklamptische Krampfanfälle auf. Davon befallene Frauen hatten oft schon vorher an wässrigen Anschwellungen zu leiden. Am häufigsten zeigt sich der erste Anfall bei der Geburt, seltener in der zweiten Hälfte der Schwangerschaft, die dann gewöhnlich unterbrochen wird, am seltensten in den ersten Wochenbettstagen.

Der Anfall, dem öfter Kopfschmerzen, Übelkeit und Erbrechen vorausgehen, beginnt plötzlich mit Zuckungen der Augen- und Gesichtsmuskeln und geht dann auf die gesamte Körpermuskulatur über, die schließlich ganz starr und unbeweglich wird. Infolgedessen kann auch der Brustkorb nicht mehr bewegt werden, die Atmung stockt und das Gesicht wird blau. Schaum tritt vor den Mund, dem oft Blut beigemischt ist, da sich die Kranken häufig auf die Zunge beißen. Allmählich erschlaffen die Muskeln, und die Atmung kehrt wieder, ist jetzt aber schnarchend und rasselnd, da auch das Schlucken des Speichels unmöglich wurde. Auch die Bewußtlosigkeit, die zu Beginn des Anfalls einsetzte, schwindet langsam, bleibt aber, je öfter sich die Krämpfe wiederholen, desto vollständiger bestehen. Ein Anfall dauert $\frac{1}{2}$ bis 1 Minute und kann sehr oft, 20 mal, ja bis zu 60 mal wiederkehren.

Die Geburt verläuft mit meist kräftigen Wehen wie gewöhnlich. Jedoch sterben die Kinder sehr leicht an Erstickung, da die Mutter während des Anfalls zu wenig Sauerstoff aufnimmt.

Bleibt die Frau am Leben, so können Lähmungen, Sprach- und Geistesstörungen zurückbleiben. Häufig entsteht Lungenentzündung, wenn bei der ersten Einatmung gleich nach dem Anfall der nicht verschluckte Speichel in die Lungen geraten ist.

Beurteilung der Schwere der Erkrankung.

Ist der Puls langsam und hart, ist die Anzahl der Anfälle gering, hören die Krämpfe mit der Geburt auf, so besteht Hoffnung auf Genesung, ganz besonders, wenn die Anfälle erst nach der Geburt beginnen.

Ist dagegen der Puls klein und schnell, häufen sich die Anfälle und hören sie mit der Geburt nicht auf, so steht es sehr schlecht um die Kranke.

Behandlung: Arzt!! Die Hebamme sorgt mit Hilfe von Kissen und Decken dafür, daß die Kranke sich nicht verletzt, wenn sie um sich schlägt, und gibt acht, daß sie beim Anfall nicht aus dem Bett fällt. Einen mit einem Tuch umwickelten Löffelstiel schiebt sie der Frau im Beginn des Anfalls zwischen die Zähne, um Zungenbisse zu verhüten, macht kalte Umschläge auf den Kopf und gibt ihr weder zu essen noch zu trinken. — Zahl und Zeit der Anfälle werden für den Arzt notiert, auch wird für ihn der Urin aufgehoben, der meist sehr spärlich ist und viel Eiweiß enthält.

Andere Krämpfe, die gelegentlich von der Hebamme beobachtet werden, sind

1. Die epileptischen. Sie sind den eklamptischen ganz ähnlich, treten aber auch außerhalb von Schwangerschaft, Geburt und Wochen=bett auf, was man von den Angehörigen erfährt.

2. Die hysterischen. Sie sind bei Gebärenden sehr selten; das Bewußtsein schwindet nicht ganz und kehrt stets schnell wieder, vor den Mund tritt kein blutiger Schaum.

Der Tod der Mutter unter der Geburt.

Außer den besprochenen Todesursachen während der Geburt: (§ 455—456.) Verblutung (§ 416 ff., Seite 130), Zerreißung der Gebärmutter (§ 404, Seite 128), Eklampsie (§ 450, Seite 135), schweren Herz= und Lungen=krankheiten (§ 280, Seite 89), gibt es noch ein seltenes Ereignis, das gleichfalls den Tod der Frau herbeizuführen imstande ist:

Wenn in der Nachgeburtsperiode bei Ausspülungen das Mutter=rohr nicht „laufend" in die Scheide eingeführt wird, oder die Frau schnell umgelagert wird, so kann Luft in die offenen Gebärmutter=gefäße gelangen und von hier aus bis ins Herz und in die Lungen=schlagader getrieben werden. Dann stirbt die Frau sehr rasch unter den Erscheinungen schwerster Atemnot.

Behandlung: Auch der schleunigst herbeigerufene Arzt ist in solchen Fällen machtlos.

Jeden Todesfall einer Kreißenden hat die Hebamme sofort dem Kreisarzt zu melden.

Der Tod des Kindes unter der Geburt und der Scheintod des Neugeborenen.

I. Der Tod.

Zusammenstellung der Todesursachen für das Kind unter der (§ 457—466.) Geburt.

a) Das Kind kann ersticken

1. bei vorzeitiger Lösung des Mutterkuchens (§ 395, § 418 ff., Seite 126 u. 130 ff).

2. bei Druck auf die Nabelschnur (§ 291, § 328, § 347, Seite 94 u. 106 u. 111).

3. bei längerem oder zu starkem Druck auf die Mutterkuchen=gefäße in der Austreibungszeit (§ 183, Seite 58, § 342, Seite 109, § 351 ff., Seite 113, § 357, Seite 115, § 369, Seite 120, § 452, Seite 136).

4. bei Zerreißungen der Gebärmutter (§ 404, Seite 128).

5. wenn die Mutter selbst zu wenig Sauerstoff erhält wie bei Verblutungen (§ 417, Seite 130), Herz= und Lungen=krankheiten (§ 280, Seite 89), bei bevorstehendem oder schon eingetretenem Tode (§ 310, Seite 100),

6. bei Geburten mit der Glückshaube (§ 386, Seite 123),

b) Das Kind kann bei ungestörter Sauerstoffzufuhr sterben

1. infolge von Kopfverletzungen (§ 369 ff., Seite 120),

2. infolge von Verblutung (§ 291, § 395, Seite 94 u. 126).

Am häufigsten ist der Erstickungstod. Bekommt das Kind zu wenig Sauerstoff, so werden die Herztöne auch in der Wehenpause langsam, schließlich nicht selten unregelmäßig. Dann läßt das Kind Kindspech abgehen und macht vorzeitige Atembewegungen, wobei es Schleim und Fruchtwasser in die Lungen bekommt. Schließlich stirbt es und kann dann faulen, wenn die Blase schon gesprungen ist. Der übelriechende Ausfluß zeigt diesen für die Mutter sehr gefahrvollen Zustand an. An einem toten Kinde bildet sich keine Kopfgeschwulst; war sie schon vorhanden, so wird sie nach dem Tode weich und matsch, und die Kopfknochen werden in ihren Verbindungen gelockert.

Behandlung: Arzt!

II. Der Scheintod.

Wird jedoch das Kind, während es schon in der Erstickung be=griffen, der Herzschlag aber noch vorhanden ist, geboren, so macht es keine oder nur sehr schwache Atembewegungen und liegt wie tot da. Man sagt: es ist scheintot, und unterscheidet nach der Schwierig=keit, die Atmung wieder in Gang zu bringen, zwei Arten von Scheintod:

1. Der blaurote Scheintod ist der leichtere Grad. Dabei sieht das Kind blaurot aus, die Glieder haben noch ihren Halt, der Nabel=schnurpuls ist langsam und gut fühlbar, Hautreize verursachen Atem=bewegungen.

Behandlung: Arzt!!! Jedoch nur, wenn er schnell zu er=reichen ist, da seine Hilfe sonst unnötig ist oder zu spät kommt. —

Die Hebamme wischt den Schleim aus dem Munde des Kindes, das sofort abgenabelt wird. Sodann wird es auf die Hinterbacken geklopft, mit einer Windel stark am Rücken gerieben und abwechselnd warm und kalt gebadet. Jedes nicht völlig lebensfrisch geborene Kind wird auf diese Weise behandelt, bis es kräftig atmet und schreit.

2. Der bleiche Scheintod ist der schwerere Grad. Dabei sieht das Kind leichenblaß aus, die Glieder liegen schlaff auf der Unterlage, der Nabelschnurpuls ist nicht mehr zu fühlen. Hautreize verursachen keine Atembewegungen.

Behandlung: Arzt!!! Wiederum nur, wenn er schnell zu erreichen ist. Dem sofort abgenabelten Kinde wird der Schleim aus dem Munde gewischt. Mit Hilfe der künstlichen Atmung, den sogenannten Schultze'schen Schwingungen, wird Sauerstoff in die kindlichen Lungen getrieben. Die hakenförmig gekrümmten Zeigefinger greifen vom Rücken her durch die Achselhöhlen des Kindes, der Daumen legt sich ohne Druck auf die vordere, die 3 letzten Finger ausgestreckt auf die hintere Brustkorbhälfte jederseits. Der Kopf ruht zwischen den beiden Kleinfingerballen der Hand. So läßt die Hebamme das Kind zwischen den etwas gespreizten Beinen nach abwärts hängen, schwingt es dann nach aufwärts (Ausatmung), bis ihre Arme, im Ellenbogengelenk leicht gebeugt, etwas höher als wagerecht stehen und der kindliche Unterkörper langsam vornüber auf den Oberkörper fällt, dem Gesicht der Hebamme zu. Sodann wird mit kräftigem Schwunge abwärts geschwungen (Einatmung), wobei häufig das Einströmen der Luft hörbar wird. Nach 3—4 Schwingungen wird das Kind in ein warmes Bad gehalten, um stärkere Abkühlung zu vermeiden, dann schnell abgetrocknet und wieder geschwungen, bis es von selber atmet, worüber 1, ja 2 Stunden vergehen können. Die ersten leichten Atembewegungen sieht man am besten in der Magengrube. Atmet das Kind, so ist es damit in den leichteren Grad des Scheintodes übergeführt und kann mit Hautreizen weiter behandelt werden.

In jedem Falle von Scheintod ist die Wiederbelebung solange fortzusetzen, bis das Kind völlig lebensfrisch ist (§ 234, Seite 76) oder der Herzschlag nicht mehr wahrgenommen werden kann. Wird das Kind vorher bei Seite gelegt, so ist es meist verloren. Nach der Wiederbelebung muß es noch längere Zeit beobachtet werden, um von neuem mit Hautreizen behandelt zu werden, wenn es schlafsüchtig wird oder schlecht atmet.

Vor jeder Geburt hat die Hebamme sich einen Platz für die Wiederbelebung auszusuchen, am besten einen Tisch, auf dem ein Kissen und eine Anzahl durchwärmter Windeln oder Handtücher liegt.   Daneben soll die Badewanne und ein Eimer mit kaltem Wasser stehen.

Während der Wiederbelebung darf die Hebamme die Mutter nicht aus den Augen lassen, die durch eine Nachgeburtsblutung in große Gefahr geraten kann*).

---

*) In solchem Falle lasse die Hebamme das Kind von einer zuverlässigen Person in das warme Bad halten und kümmere sich so lange nur um die Mutter, bis diese außer Gefahr ist.

Siebenter Teil

Abweichungen von dem regelmäßigen Verlauf des Wochenbettes.

Einleitung.

Störungen in der Rückbildung der Geschlechtsteile und beim (§ 467.) Stillen des Säuglings sind gewiß unangenehm. Bei weitem schlimmer und viel gefährlicher ist aber eine Erkrankung der Geburtswunden, hervorgerufen durch eine Verunreinigung während der Geburt, erkennbar zuerst und am besten am Fieber.

Die Wundkrankheiten des Wochenbettes.

Tritt im Wochenbett Fieber auf, so hat dies, wenn auch nicht (§468—469.) stets, so doch meistens seine Ursache in einer Wundinfektion, so daß also das Fieber meistens ein Wundfieber ist. Diese Tatsache hat der Wiener Arzt Semmelweis zuerst erkannt. Aus ihr geht ohne weiteres hervor, daß man die Wundinfektion vermeiden muß, wenn kein Wundfieber entstehen soll. Wie dies zu geschehen hat, ist bereits früher beschrieben (Seite 32).

Auf Seite 32 ist ferner auseinandergesetzt, daß die in eine Wunde gelangten Spaltpilze je nach ihrer Giftigkeit entweder in der Wunde bleiben oder in die nähere Umgebung vordringen oder gar in den Blutstrom gelangen. Genau so geht es bei den Geburtswunden zu, wobei nur leider der Nachteil besteht, daß die am häufigst infizierten die nicht sichtbaren der Gebärmutter und des Muttermundes sind, seltener die in der Scheide oder am Damm befindlichen, die entweder sichtbar oder an einer Schwellung der Schamlippen erkennbar sind.

1. Solch eine infizierte Geburtswunde ist gerötet, mit Eiter und Borken bedeckt, hat eine geschwollene Umgebung und ruft Wundfieber hervor.

2. Von hier aus können die Spaltpilze weiter vordringen, ent=

weder in das lockere Bindegewebe der breiten Gebärmutterbänder, oder sie geraten in die Gebärmutterhöhle, setzen sich auf der Nach= geburtsstelle fest und dringen in das geronnene Blut der großen mütterlichen Blutgefäße ein, das sich dann in Eiter verwandelt. Da= mit sind sie in die „nähere Umgebung" der Wunde gelangt, und die Wöchnerin bekommt weit schwereres Fieber.

3. Endlich können die Spaltpilze mit dem Eiter, der in den großen Blutgefäßen entstanden ist, oder mit dem Lymphstrom aus den breiten Gebärmutterbändern in die allgemeine Blutbahn gelangen, andere Organe des Körpers krank machen und so eine allgemeine Blutvergiftung hervorrufen, die mit sehr hohem Fieber einhergeht und nicht selten tödlich endet.

Solche von den Geburtswunden ausgehende allgemeine Blut= vergiftung nennt man entsprechend dem Landesseuchengesetz „Kind= bettfieber", die Erkrankung der Geburtswunden (1) und ihrer Um= gebung (2) dagegen „Kindbettfieberverdacht", weil man ja nie wissen kann, ob sich nicht doch noch ein echtes Kindbettfieber daraus entwickelt.

Ursache und Verhütung.

(§ 470—476.)   Verursacht wird jede Erkrankung an Kindbettfieberverdacht oder Kindbettfieber durch Infektion der Geburtswunden mit Eiterspaltpilzen.

Folgendermaßen erfolgt diese Infektion, und folgende Vorschriften sollen sie verhüten:

1. Am häufigsten überträgt der innerlich untersuchende Finger, mit dem man besonders den Muttermund berührt, die Eiterspaltpilze.

Vorschrift:

a) So selten wie möglich innerlich untersuchen und nur nach verschärfter Händedesinfektion. Die innere Untersuchung unterbleibt, wenn die Hebamme ansteckungsfähige Stoffe berührt hat (§ 192 Seite 65). Über Notfälle § 482a, Seite 146.

b) Die Hebamme hat die Berührung ansteckungsfähiger Stoffe wie Leichen, Leichenteile usw. (§ 106, Seite 31) zu vermeiden. Ist sie doch damit in Berührung gekommen, so hat sie sich sofort ver= schärft zu desinfizieren (§ 113, Seite 33), sich beim Kreisarzt zu melden und bis zu dessen Entscheidung keinerlei Praxis auszuüben. Da die Berührung einer an Wundfieber erkrankten Frau, insonderheit die Berührung ihres Wochenflusses, ihrer Geschlechtsteile und sonstiger Ausflüsse, z. B. aus vereiterten Gelenken, ihres Auswurfes, ja sogar ihres Schweißes ganz besonders gefährlich ist, sind für diese Fälle auch besondere Vorschriften erlassen worden (§ 481 und 482, Seite 145 und 146).

c) „Erkrankt in dem Wohnhause der Hebamme eine Person an Kindbettfieber, Wundrose, Wundstarrkampf, Scharlach, Pocken, Diph=therie, Typhus, Cholera oder Ruhr, oder in einem Hause, in welchem die Hebamme eine Gebärende oder eine Wöchnerin zu besorgen hat, so meldet sie dies dem Kreisarzt und meidet jede Berührung mit solchen Kranken." Ihre Praxis darf sie weiter ausüben. Ist sie aber doch mit dem Kranken in Berührung gekommen, dann hat sie sich verschärft zu desinfizieren, sich beim Kreisarzt zu melden und jede berufliche Tätigkeit bis zu seiner Entscheidung zu unterlassen.

d) Erkrankt ein Familienmitglied der Hebamme an einer der unter c genannten Krankheiten, so hat sie sich ebenfalls nach der zu=letzt unter c genannten Vorschrift zu richten, da sie ja sicher mit diesem Kranken in Berührung gekommen ist.

e) Erkrankt die Hebamme selber an irgendwelchen Eiterungen am Finger, an der Brust, im Ohr, oder an übelriechendem Ausfluß oder an Syphilis, so meldet sie das dem Kreisarzt und unterläßt jegliche Hebammenarbeit.

2. Auch durch die Instrumente wie Mutterrohr, Afterrohr, Spülkannenschlauch können Eiterspaltpilze übertragen werden.

Vorschrift: Alles, was an Instrumenten mit der Kreißenden in Berührung kommt, wird vorher ausgekocht oder mit Kresolseifen=lösung desinfiziert.

3. Von schmutzigen Geschlechtsteilen kann selbst der best=desinfizierte Finger bei der inneren Untersuchung Spaltpilze abstreifen und nach innen verschleppen.

Vorschrift: Im Beginn der Geburt sind die Geschlechtsteile gründ=lich mit Watte, abgekochtem Wasser und Seife abzuwaschen (§ 197, Seite 64).

4. Auch durch unsaubere Leib= und Bettwäsche, sowie durch den Kot, der häufig während der Geburt ausgepreßt wird, kann eine Ansteckung der Wunde erfolgen.

Vorschrift: Nur reine Bett= und Leibwäsche ist zu benutzen. Der After und seine Umgebung ist häufig während der Geburt, be=sonders in der Austreibungszeit, mit Watte und Kresolseifenlösung zu reinigen.

5. Bisweilen erlebt man es, daß sich Frauen bei der Geburt selber untersuchen, indem sie ihren Finger in die Geschlechtsteile einführen; oder sie lassen wohl auch noch kurz vor der Entbindung

einen Beischlaf zu. In beiden Fällen können natürlich Wund=
krankheiten die Folge sein.

Vorschrift: Die Hebamme warne ihre Schutzbefohlenen schon
in der Schwangerschaft vor jeglicher Berührung der Geschlechtsteile.

Ohne Verschulden der Hebamme im Wochenbett entstandenes Fieber.

(§ 477.) Nach schweren Operationen, nach sehr langen Geburten und
nach starken Quetschungen der mütterlichen Weichteile durch den vor=
liegenden Teil kann im Wochenbett Fieber auftreten, für das man
die Hebamme nicht verantwortlich machen kann. Ebenso kann eine
leichte Erhöhung der Körpertemperatur der Wöchnerin dann eintreten,
wenn sich infolge von Knickung der Gebärmutter oder Verlegung des
Muttermundes durch ein Blutgerinsel oder einen Eihautfetzen der
Wochenfluß staut. Schließlich kann der noch nicht geborene Inhalt
der Gebärmutter mit Fäulnisspaltpilzen der Luft infiziert werden und
sich zersetzen, z. B. ein totes Kind, die Nachgeburt oder Teile der=
selben, sowie Eireste nach einer Fehlgeburt in den ersten Schwanger=
schaftsmonaten. Obwohl die Fäulnisspaltpilze nicht auf die Mutter
übergehen, kann sie doch hohes Fieber mit Schüttelfrösten bekommen,
das freilich nach Entfernung der faulenden Teile meist schnell wieder
abfällt, es sei denn, daß durch den Zutritt von Eiterspaltpilzen ein
echtes Wundfieber entsteht.

Erscheinungen der Wundkrankheiten.

(§478—480.) 1. Kindbettfieberverdacht:

Außer dem zuerst einsetzenden Fieber beobachtet man folgende
Erscheinungen:

a) Schmerzhaftigkeit der Gebärmutter ohne oder mit Schmerz=
haftigkeit ihrer Seitenteile auf Druck. Die Gebärmutter ist dann
dauernd druckempfindlich, so daß man diese entzündliche Schmerz=
haftigkeit mit den in Absätzen auftretenden Nachwehen, bei denen
außerdem keine Druckempfindlichkeit des Muttergrundes besteht, nicht
verwechseln kann.

b) Anschwellung der äußeren Geschlechtsteile, die in den ersten
Wochenbettstagen auftritt und eine tiefergelegene infizierte Wunde an=
zeigt. Diejenigen wäßrigen Anschwellungen, die aus der Schwanger=
schaft stammen (§ 279, Seite 88) oder infolge starken Geburts=
druckes entstehen, verschwinden in den ersten Wochenbettstagen.

c) Reichlicher braungefärbter oder stinkender Wochenfluß.

d) Auftreibung des Leibes infolge von Gasansammlung in den Gedärmen.

e) Schmerzhafte Anschwellung eines Beines.

2. Kindbettfieber:

Fieber, das bald hoch (40° und mehr), bald niedrig ist, mit starken Schüttelfrösten, ein dauernd sehr schneller Puls, der sich bei den Temperaturschwankungen nicht wesentlich verändert, und ein schlechtes Allgemeinbefinden der Frau (Appetitlosigkeit, großes Schwäche=gefühl, Benommenheit, Delirien § 64, Seite 17) sind die Haupt=zeichen, die schon in wenigen Tagen zum Tode führen können, ohne daß man örtliche Erkrankungen (z. B. Schmerzhaftigkeit der Gebär=mutter, gespannten Leib) irgendwie beobachten konnte. Grade bei den schwersten Fällen von Kindbettfieber fehlen sie meist gänzlich.

Zieht sich die Krankheit länger hin, dann kann es zur Aus=bildung einer Bauchfellentzündung kommen: Der Leib wird sehr hoch, äußerst schmerzhaft und gespannt, die Kranke leidet an Atemnot, muß fortwährend erbrechen, hat einen sehr schnellen, kaum fühlbaren Puls und geht wohl sicher zugrunde. Oder die im Blute kreisenden Eiterspaltpilze rufen eine Lungenentzündung oder eine Vereiterung einzelner Gelenke hervor. Wird die Haut gelb mit rotem Ausschlag, dann ist eine schnell tödliche Blutauflösung eingetreten. —

Jedes Fieber im Wochenbett soll die Hebamme zunächst für ein Wundfieber halten.

a) Zeichen für geringere Gefahr: Das Fieber tritt erst am Ende der ersten Woche auf und ist mäßig hoch, der Puls ist nicht allzu beschleunigt, die Frau macht keinen schwerkranken Eindruck.

b) Zeichen für große Gefahr: Hohes mit Schüttelfrost einsetzendes Fieber bald nach der Geburt, je früher desto schlimmer, oder mäßiges Fieber mit stark beschleunigtem Puls (z. B. 38,5° und 120—140 Pulse); Auftreibung des Leibes, schlechtes Allgemeinbefinden der Kranken.

Verhalten der Hebamme und Vorschriften.

Für die Hinzuziehung eines Arztes hat die Hebamme im (§ 481—483.) Wochenbett zu sorgen:

1. Wenn die Temperatur über 38° steigt.

2. Bei jedem Schüttelfrost der Wöchnerin.

3. Wenn die Zahl der Pulsschläge sehr in die Höhe, z. B. auf 120, geht und eine auffallend niedrige Temperatur besonders am Abend vorhanden ist, z. B. 36° oder 35,5°, was auf bestehende Herz=schwäche hindeutet.

4. Sobald ein Geschwür an den äußeren Geschlechtsteilen, das sich oft hinter einer Anschwellung der Teile verbirgt, entdeckt wird, selbst wenn noch kein Fieber bestehen sollte.

Der Arzt soll die Behandlung der Frau möglichst bald übernehmen; denn die meisten an Kindbettfieber erkrankten Frauen sterben, wenn nicht in den ersten Anfängen die ärztliche Behandlung einsetzt. Damit aber ferner einer Übertragung der ansteckenden Spaltpilze nach Möglichkeit vorgebeugt werde, besteht folgende zweite Vorschrift:

Bei jedem Fieber im Wochenbett von mehr als 38° ist sofort dem Kreisarzt Meldung zu machen und zugleich der Name des behandelnden Arztes anzugeben. Bis zum Eintreffen der kreisärztlichen Anordnungen pflegt die Hebamme die erkrankte Wöchnerin weiter, unterläßt aber jede andere berufliche Tätigkeit. Ob sie später die Pflege fortsetzen darf, hängt vom Kreisarzt ab. Er ist der Vorgesetzte der Hebamme, seine Vorschriften sind auf das peinlichste genau zu befolgen. Ihm ist auch der Tod einer Wöchnerin sofort mündlich oder schriftlich zu melden. —

Wird nun der Hebamme von dem behandelnden Arzt oder Kreisarzt mitgeteilt, daß die fiebernde Frau an Kindbettfieber leidet, dann gilt für sie der § 8, Abs. 1, Ziffer 3, Abs. 3 des Gesetzes, betreffend die Bekämpfung übertragbarer Krankheiten (Landesseuchengesetz), dessen Nichtbeachtung streng bestraft wird. Er lautet:

„Hebammen, welche bei einer an Kindbettfieber Erkrankten während einer Entbindung oder im Wochenbett tätig sind, ist während der Dauer der Beschäftigung bei der Erkrankten und innerhalb einer Frist von 8 Tagen nach Beendigung derselben jede anderweitige Tätigkeit als Hebamme oder Wochenpflegerin untersagt. Auch nach Ablauf der achttägigen Frist ist eine Wiederaufnahme der Tätigkeit nur nach gründlicher Reinigung und Desinfektion ihres Körpers, ihrer Wäsche, Kleidung und Instrumente nach Anweisung des beamteten Arztes gestattet. Die Wiederaufnahme der Berufstätigkeit vor Ablauf dieser achttägigen Frist ist jedoch zulässig, wenn der beamtete Arzt dies für unbedenklich erklärt."

(§ 482 a).   Notfall:

Pflegt die Hebamme eine an Kindbettfieber oder Kindbettfieberverdacht erkrankte Wöchnerin, so daß sie also andere Praxis nicht ausüben darf, und wird sie zu einer Geburt gerufen, eine andere Hebamme ist aber nicht zu haben, dann liegt ein sogenannter Notfall vor. Hat die Hebamme vom Kreisarzt keine anders lautenden Vorschriften erhalten, dann tut sie folgendes: Sie desinfiziert ihre Hände mehrfach verschärft, badet, wechselt Kleidung und Wäsche, desinfiziert ihre Instrumente und begibt sich dann zu der Kreißenden. Sie darf diese nur äußerlich untersuchen; wird jedoch eine innere Unter= suchung nötig, so erbitte sie einen Arzt. Zum Dammschutz und zur Reinigung der Geschlechtsteile hat sie ihren Gummihandschuh an= zuziehen.

Die Wundrose und der Starrkrampf. Der ansteckende Schleimfluß.

1. Die Wundrose, deren Erscheinungsform im § 118, Seite (§ 484.) 35, beschrieben ist, bringt im Wochenbett meist an den äußeren Geschlechtsteilen, seltener an den Brustwarzen in den Körper der Frau ein und ist ebenso gefährlich wie das Kindbettfieber.

Behandlung: Die Hebamme verhält sich genau so wie beim Kindbettfieber (§ 481, Seite 146) und bringt das Kind in Sicherheit, damit es nicht von der Nabelwunde aus gleichfalls an Rose erkranke.

2. Der Starrkrampf, gleichfalls im § 118, Seite 35, be= schrieben, ist im Wochenbett fast stets tödlich. Die ihn erzeugenden Spaltpilze lassen sich durch Desinfektionsmittel nur schwer abtöten, wodurch die Gefahr ihrer Übertragung sehr vermehrt wird.

Behandlung: Arzt! Das Kind ist sofort von der Mutter zu trennen. Die Hebamme handelt so, als ob Kindbettfieberverdacht vor= läge (§ 481, S. 145).

3. Der ansteckende Schleimfluß (§ 84, Seite 22) ist keine Wundkrankheit, erzeugt aber auch Fieber im Wochenbett, das meist erst in der zweiten Woche auftritt und nur selten tödlich ist, wenn es auch eine schwere Erkrankung bedeutet.

Behandlung: Arzt! Die Hebamme verhält sich ebenso wie bei Kindbettfieberverdacht.

Die mangelhafte Rückbildung der Gebärmutter und andere Störungen im Wochenbett.

1. Eine schlechte Rückbildung der Gebärmutter erkennt man (§ 485—491.) daran, daß

a) der Muttergrund auffallend hoch stehen bleibt (vgl. § 227, Seite 73),

b) der Wochenfluß lange reichlich und blutig bleibt: eine Folge der schlechten Abschnürung der mütterlichen Blutgefäße in der Ge= bärmutterwand.

Das kommt vor bei Vielgebärenden, nach sehr starker Ausdehnung der Gebärmutter (Zwillinge, übergroße Fruchtwassermenge), nach Blutungen unter der Geburt und beim Wundfieber; ferner bei schlecht abgewartetem Wochenbett, d. h. wenn die Wöchnerin nicht ruhig liegt, zu früh aufsteht oder zu früh körperliche Arbeit leistet.

Folgen: Ein Frauenleiden (Lageveränderung oder Entzündung der Gebärmutter) kann sich allmählich entwickeln, erkennbar an Kreuz= schmerzen, Druck auf den Mastdarm, dauerndem Ausfluß und sehr starker Regel.

Behandlung: Strengste Ruhelage der Wöchnerin, Prießnitzscher Umschlag auf den Leib, regelmäßige Harn= und Stuhlentleerung. Ist der Wochenfluß aber in der zweiten Hälfte der zweiten Woche noch blutig oder treten richtige Blutungen ein, dann Arzt!

2. Störungen der Nachwehen:

a) Sie sind bei Mehrgebärenden zwar stets schmerzhaft, können aber auch einmal derartig heftig werden, daß eine Behandlung er= wünscht ist. Dann wird ein Prießnitzscher Umschlag auf den Leib gelegt und schon am 3. Tage Rizinusöl gegeben, nicht erst am 4. (§ 245, S. 78).

b) Sehr heftige Nachwehen bei völligem Aufhören des Wochen= flusses erregen besonders bei Erstgebärenden den Verdacht, daß sich der Wochenfluß staut (§ 477, Seite 144). Behandlung: Arzt!

c) Schmerzhafte Nachwehen mit reichlich blutigem Ausfluß oder gar reinen Blutungen kommen vor, wenn ein Teil des Mutterkuchens in der Gebärmutter zurückgeblieben ist. Dann besteht die Gefahr, daß plötzlich eine gefährliche Blutung einsetzt oder der zurückgebliebene Teil fault.

Behandlung: Arzt!

Ist in diesem Falle der Ausfluß bereits übelriechend oder besteht Fieber, so hat die Hebamme sich nach den Vorschriften für Kindbett= fieberverdacht zu richten.

3. Druckschmerzhaftigkeit der Gebärmutter ohne Fieber erfordert einen Prießnitzschen Umschlag auf den Leib. Besteht die Schmerzhaftigkeit länger als 24 Stunden, dann Arzt!

4. Störungen des Wochenflusses abgesehen von den bereits beschriebenen:

a) Sehr reichlicher Wochenfluß oder übler Geruch desselben er= fordert häufigen Wechsel der Vor= und Unterlagen sowie reichliche Abspülungen der Geschlechtsteile.

b) Bisweilen riecht der Wochenfluß, ohne daß gleichzeitig Fieber besteht, so stark faulig, daß man den Geruch schon beim Betreten des Zimmers bemerkt. Die Hebamme nehme dann ihre Hände in acht, weil gefährliche Spaltpilze im Spiele sind.

Behandlung: Abspülung der Geschlechtsteile mit 1 proz. Kresol=

seifenlösung, häufiges Wechseln der Vor- und Unterlagen und dann sofort peinlich genaue Desinfektion der gebrauchten Instrumente und verschärfte Händedesinfektion. Ist der Geruch nach 24 Stunden nicht verschwunden, dann Arzt!

5. Störungen der Blasentätigkeit.

a) Harnverhaltung ist im Wochenbett bekanntlich häufig (§ 245, Seite 78). Ist sie in 3—4 Tagen nicht überwunden, dann Arzt!

b) Der Blasenkatarrh entsteht durch das Eindringen von Spalt-pilzen in die Blase infolge von unsauberem Katheterisieren. Die Hebamme hüte also ihre Hände vor Benetzung mit dem Urin, der zahllose Bakterien enthält.

Erkennung: Brennen über der Schoßfuge, heftige Schmerzen beim Urinieren, fortwährend Drang zum Wasserlassen. Der Harn ist trübe.

Behandlung: Arzt! Bis zu seinem Eintreffen Prießnitzscher Umschlag und reichlich Wasser trinken lassen.

c) Unwillkürlicher Harnabgang ist die Folge einer Blasenschwäche oder einer Harnfistel (Blasenscheidenfistel, § 91 und 368, Seite 25 und 119). Besteht diese Störung länger als 3—4 Tage, dann Arzt!

6. Unwillkürlicher Kotabgang ist die Folge eines vollständigen Dammrisses (§ 406, Seite 129) oder einer Scheidenmastdarmfistel, die durch Zerreißung der Scheidewand zwischen Mastdarm und Scheide entstanden ist. Behandlung: Arzt!

7. Wie in der Schwangerschaft (§ 278, Seite 88), so kann auch im Wochenbett das Blut in einer Ader des Beckens oder Ober-schenkels gerinnen, so daß der Rückstrom des Blutes vom Bein zum Herzen behindert ist. Dann schwillt das Bein, ohne daß gleichzeitig Fieber auftritt, stark an und wird äußerst schmerzhaft. Später ent-steht mehr ein taubes Gefühl. Löst sich bei irgend einer schnellen Bewegung der Frau ein Stück Blutgerinsel los, so wird es mit dem Blutstrom durch das Herz in die Lungenschlagader fortgerissen. Diese verstopft sich, und unter starker Atemnot und großem Angstgefühl stirbt die Frau plötzlich am Lungenschlag.

Behandlung: Arzt! Die Frau muß durchaus ruhig liegen, darf nicht aufgesetzt werden und beim Stuhlgang nicht pressen. Das Bein wird hochgelagert und mit einem Prießnitzschen Umschlag ver-sehen. Alle dabei nötigen Bewegungen sollen äußerst langsam und vorsichtig geschehen.

Die Störungen des Säugegeschäfts.

1. Schrunden der Brustwarzen: Sehr oft erlebt man es, (§ 492—494.) daß der Säugling die Warze wund saugt. Bei schlechter Brustpflege

in der Schwangerschaft, bei sehr zarter Haut und bei schlecht faßbaren Warzen passiert das am leichtesten. Solche Schrunden heilen recht schwer, da bei jedesmaligem Anlegen des Kindes die Wunden wieder aufgesaugt werden.

Erkennung: Da die Brustwarzen sehr nervenreich sind, ist das Anlegen des Kindes äußerst schmerzhaft.

Behandlung: Peinlichste Sauberkeit ist nötig, damit nicht Spalt=pilze in die Schrunden eindringen und eine Brustdrüsenentzündung verursachen. Jedesmal nach dem Stillen wird die Warze mit ab=gekochtem Wasser gereinigt und mit einem Läppchen bedeckt. Werden die Schmerzen sehr heftig, und heilen die Schrunden nicht, dann soll ein Warzenhütchen benutzt werden. Tritt auch dann keine Heilung ein, dann Arzt! Oft wird er das Absetzen des Kindes anordnen, worauf die Schrunden natürlich schnell verheilen.

2. Sind trotz aller Vorsicht Eiterspaltpilze in Schrunden der Brust=warze eingedrungen, dann verwandeln sich die Schrunden in Geschwüre, und durch weiteres Vordringen der Keime entsteht meist am Ende der ersten oder Anfang der zweiten Woche eine Brustdrüsenent=zündung. Es kann schließlich zur Vereiterung eines großen Teiles der Drüse kommen, die dann natürlich zum Stillen nicht mehr zu gebrauchen ist. Lebensgefährlich ist diese Erkrankung zwar nicht, aber sehr langwierig und schmerzhaft.

Erkennung: Hohes Fieber, das gewöhnlich mit einem Schüttel=frost beginnt. In der Brustdrüse ist eine harte, schmerzhafte An=schwellung fühlbar, über der eine Rötung der Haut besteht.

Behandlung: Arzt! Sofortiges Absetzen des Kindes und Prießnitzscher Umschlag.

3. Geringe Milchabsonderung läßt sich durch keinerlei Arznei=mittel bessern. Das einzige, was helfen kann, ist kräftige Ernährung der Mutter mit etwas vermehrter flüssiger Kost und fleißiges, regel=mäßiges Anlegen des Kindes (§ 233, Seite 75). — Über zu reich=liche Milchansammlung in den Brüsten siehe § 248, Seite 79. — Ein die Wöchnerin recht schwächendes, glücklicherweise sehr seltenes Leiden ist der Milchfluß: die Milch läuft beständig aus, auch dann noch, wenn das Kind abgesetzt ist. Behandlung: Arzt!

Zufällige Erkrankungen im Wochenbett.

(§ 495.) Hierher gehört der im § 491, Seite 149, beschriebene Lungen=schlag. Bestand vorher eine Anschwellung eines Beines, so wird sich dies traurige Ereignis oft verhindern lassen. Bisweilen hat aber die

Blutgerinnung in solchen Beckenadern stattgefunden, deren Verstopfung keine Veränderungen am Beine bedingte. Dann tritt der Lungenschlag ganz unerwartet ein, meistens bei einem Stuhlgang, oder wenn die Wöchnerin zum ersten Male aufsteht.

Scharlach verläuft im Wochenbett ganz besonders schwer, so daß Schwangere, Gebärende und Wöchnerinnen vor einer derartigen Ansteckung ängstlich zu hüten sind.

Geisteskrankheiten kommen nicht gar so selten im Wochenbett zum Ausbruch. Ein Arzt ist schleunigst zu rufen.

Die Krankheiten der Neugeborenen.

Nabelerkrankungen.

1. **Wundkrankheiten.** Daß der kindliche Nabel eine Wunde (§ 496—501.) ist, auch schon vor dem Nabelschnurabfall, wurde bereits gesagt (§ 258, Seite 81). Diese Wunde kann natürlich ebenso infiziert werden, wie jede andere. Folgende Infektionen kommen vor:

a) **Mit Eiterspaltpilzen,** die durch unreine Hände, Verbandwatte, Nabelschere oder unreines Nabelband in die Wunde geraten, sie zu einem Geschwür machen und an den Nabelgefäßen entlang in den Körper eindringen. Schließlich können sie in das Blut geraten und eine allgemeine tödliche Blutvergiftung hervorrufen. Die häufigste Quelle dieser Keime ist der mütterliche Wochenfluß, vor dem die Nabelwunde daher ganz besonders zu hüten ist (§ 251, Seite 80).

Erkennung: Bei jedem Kinde, das, bis dahin völlig gesund, am 3.—5. Tage plötzlich verfällt, d. h. schlafsüchtig wird und nicht mehr trinkt, ist an eine Nabelinfektion zu denken. Denn sehr oft wird das Kind schwer krank, ehe noch am Nabel irgendwelche Veränderungen sichtbar sind. Geht die Erkrankung weniger schnell vonstatten, dann rötet sich der Nabel, schwillt an und wird zu einem eiternden Geschwür.

Behandlung: Arzt! Kreisarzt! Verschärfte Desinfektion nach jeder Erneuerung des Nabelverbandes.

b) **Mit Wundrosespaltpilzen.** Sie können natürlich in jede, auch die kleinste Verletzung des kindlichen Körpers eindringen; am bekanntesten ist aber die Nabelinfektion. Die Erscheinungen der für das Kind lebensgefährlichen Wundrose sind im § 118, Seite 35, beschrieben.

Behandlung: Arzt! Kreisarzt!

c) **Mit Starrkrampfspaltpilzen,** die den fast stets tödlichen Starr- oder Kinnbackenkrampf erzeugen. Der letztere Name rührt davon her, daß die Erkrankung in der Regel am 4.—8. Tage nach der Geburt mit einer Unbeweglichkeit der Kiefermuskulatur beginnt, so daß sich der Mund des Kindes auf keine Weise öffnen läßt. Dann treten Zuckungen im Gesicht und schließlich die bereits beschriebenen (§ 118, Seite 35) anfallsweisen Krämpfe der gesamten Körpermuskulatur auf, die zum Tode führen. Die Infektion der Nabelwunde erfolgt in diesem Falle am häufigsten durch das Badelaken, das mit dem Fußboden in Berührung gekommen ist (§ 257, Seite 81).

Behandlung: Arzt! Schon der geringste Verdacht auf Steifigkeit im Kiefer soll genügen, den Arzt zu erbitten, da nur in den allererstem Anfängen der Krankheit Heilungsaussichten bestehen. Besteht ein solcher Verdacht, dann berührt die Hebamme das Kind überhaupt nicht mehr, desinfiziert sich verschärft und meldet den Fall dem Kreisarzt.

2. Nabelblutungen.

a) Vor Abfall der Nabelschnur. Blutet der Nabelschnurrest, so ist er von der Hebamme schlecht unterbunden, die manchmal damit den Tod eines Menschenlebens auf ihr Gewissen lädt; denn wird die Blutung nicht rechtzeitig bemerkt, so verblutet sich das Kind. Bei sulzreicher Nabelschnur und lebensschwachen Kindern ist eine derartige Nachblutung am leichtesten möglich.

Behandlung: Sofort nochmalige feste Unterbindung des Nabelschnurrestes und warme Bedeckung des Kindes. Hat es schon viel Blut verloren, dann Arzt!

b) Nach Abfall der Nabelschnur. Solche Blutungen kommen bei schwerer allgemeiner Erkrankung vor.

Behandlung: Arzt! Bis zu seinem Eintreffen wird ein Wattebausch fest auf den Nabel gedrückt und mit der Nabelbinde festgehalten.

3. Mißbildungen des Nabels.

a) Der Nabelschnurbruch (§ 402, Seite 127).

b) Der Nabelbruch (§ 277, Seite 87) entsteht erst nach völliger Vernarbung des Nabels.

c) Ein Hautnabel entsteht dadurch, daß die Bauchhaut des Kindes etwas auf den Nabelstrang übergeht. Es bleibt dann nach dem Nabelschnurabfall ein kleiner Stumpf zurück; auch heilt die Nabelwunde meist langsamer.

Die Augenentzündung der Neugeborenen.

(§ 502—503)　Sie wird hervorgerufen durch die Spaltpilze des ansteckenden Schleimflusses (§ 84, Seite 22), die in den Geschlechtsteilen der Frau sitzen, beim Durchtritt des Kindes durch die Scheide auf die Augen-

lider geraten und, sobald das Kind die Augen aufschlägt, die Schleim=
haut des Auges befallen. Viel seltener erfolgt die Ansteckung erst
nach der Geburt durch fahrlässige Übertragung des Wochenflusses.
Ist die Infektion erfolgt, so röten sich die Augenlider, schwellen an
und verkleben miteinander. Dann sondert das Auge eine gelblich=
wäßrige Flüssigkeit ab, die sich sehr bald in dicken rahmigen Eiter
verwandelt. Die Augenlider sind jetzt gänzlich zugeschwollen. Schließ=
lich geht die Entzündung auf die Hornhaut und den Augapfel über,
so daß völlige Blindheit entsteht, wenn nicht ärztliche Hilfe früh ge=
nug einsetzte. Meist werden beide Augen befallen.

Die sichere Verhütung der Krankheit durch die Einträufelung von
Höllensteinlösung wurde im § 380, Seite 121 gelehrt. Es kann aber
einmal jegliches Zeichen und jeder Verdacht auf ansteckenden Schleim=
fluß der Mutter fehlen, so daß die Hebamme die Einträufelung unter=
läßt; die einfache Abwaschung der Augenlider nach der Geburt des
Kopfes genügt aber nicht, eine Augenentzündung zu verhindern.

Behandlung: Bemerkt die Hebamme eine Rötung der Augen=
lider und den Ausfluß gelblicher Flüssigkeit aus der Lidspalte, dann
Arzt! Ist der Ausfluß bereits rein eitrig, dann Arzt!! Auch ist
jeder Krankheitsfall dem Kreisarzt zu melden.

Bis zum Eintreffen des Arztes hat die Hebamme zweierlei
zu tun:

1. Die Augen stündlich zu reinigen. Mit einem in kühles Wasser
getauchten Wattebausch wischt sie vorsichtig den Eiter von der Lidspalte
ab und hütet sich, daß ja nicht etwas davon in das andere, vielleicht
noch gesunde Auge gerät. Auch soll das Kind stets auf der Seite
des kranken Auges liegen, damit der Eiter nicht in das andere Auge
hinüberläuft. Dann wird das obere Augenlid etwas nach oben ge=
zogen und der hervorquellende Eiter mit einem zweiten Wattebausch
abgewischt, hierauf ebenso das untere Augenlid etwas herabgezogen
und der heraustretende Eiter entfernt. Sollten die Augenlider fest
miteinander verklebt sein, so müssen sie erst mit Wasser und Watte
aufgeweicht werden.

2. Die Augen dauernd zu kühlen. Man legt Leinewand=
läppchen in Eiswasser, bringt sie gut ausgedrückt auf das Auge und
wechselt sie alle 2—3 Minuten, da sie schnell warm werden.

Diese Vorschriften können auch die Mutter oder die Angehörigen
des Kindes gut befolgen, wenn die Hebamme sie ihnen richtig be=
schreibt. Auf jeden Fall soll die Hebamme aber auf die Ansteckungs=
fähigkeit des Eiters für jedes gesunde Auge hinweisen und dafür
sorgen, daß die gebrauchte Watte und Läppchen sofort verbrannt werden.

Die Mittelohrentzündung.

(§ 504.)   Sie ist selten, sehr schmerzhaft, geht mit hohem Fieber einher, veranlaßt eitrigen Ausfluß aus dem Ohr und kann zur Zerstörung des Organs führen. Selbst Gehirnentzündung und Tod können eintreten. Wenn nicht eitriger Ausfluß aus dem Ohr die Erkrankung erkennen läßt, so wird sich die Hebamme doch durch das hohe Fieber des Kindes, durch sein dauerndes Schreien·und die Unlust zu trinken dazu veranlaßt sehen, schleunigst den Arzt zu rufen.

Die Kopfblutgeschwulst.

(§ 505.)   Im Anschluß an Geburten in Kopflage findet manchmal ein Bluterguß zwischen Knochenhaut und Knochen, meist an einem Scheitelbein, statt, der aber sehr langsam erfolgt, so daß die durch ihn entstehende Anschwellung erst einige Tage nach der Geburt bemerkt wird. Diese sogenannte Kopfblutgeschulst überschreitet niemals Nähte oder Fontanellen, ist unempfindlich und verschwindet sehr langsam, gewöhnlich erst nach 12—15 Wochen. Vereitert sie, so gefährdet sie das Leben. Sonst hat sie wenig zu bedeuten.

Behandlung: Arzt! Bis zu seinem Eintreffen schützt die Hebamme die Geschwulst vor Druck und sonstigen Verletzungen durch einen Watteverband.

Andere Verletzungen.

(§ 506.)   Brüche des Oberschenkels, des Schlüsselbeines oder des Armes können bei künstlichen Entbindungen entstehen, ein Armbruch am leichtesten bei der Armlösung.

Erkennung: Ergreift man den Oberarm vorsichtig mit beiden Händen, so fühlt man in seiner Mitte eine regelwidrige Beweglichkeit, als ob dort ein Gelenk säße. Ein gebrochenes Glied wird vom Kinde nicht bewegt.

Behandlung: Arzt!

Entzündung der Brüste.

(§ 507.)   Wird eine geschwollene Brust (§ 237, Seite 77) törichterweise ausgedrückt, so kann sie sich entzünden. Rötung, Schwellung und Eiterung sind die Folge.

Behandlung: Eine geschwollene Brust soll unberührt bleiben, nötigenfalls mit etwas Watte bedeckt werden. Hat sie sich entzündet, dann Arzt!

Die Gelbsucht des Neugeborenen.

(§ 508.)   Abgesehen von der bedeutungslosen Gelbsucht des Neugeborenen (§ 236 Seite 76) giebt es eine krankhafte Gelbsucht: Die Gelbfärbung ist sehr stark und befällt auch die Füße und Hände; das Kind trinkt nicht, wird unruhig oder schlafsüchtig und hat regelwidrigen Stuhlgang.

Behandlung: Arzt!

Das Wundsein der Haut.

Wenn man ein Kind zu lange naß liegen läßt, dann wird seine Haut (§ 509.) leicht wund, besonders zwischen den Hautfalten, also z. B. am After, an den Geschlechtsteilen, in den Schenkelbeugen und Achselhöhlen. Infolgedessen empfinden die Kinder natürlich Schmerzen und werden unruhig. Dicke, künstlich ernährte und frühreife Kinder neigen be= sonders dazu.

Behandlung: Die wunden Stellen sind täglich mehrmals mit frischem Wasser und Watte zu waschen; das Abtrocknen muß genau besorgt werden, die roten Hautstellen zwischen den Hautfalten werden dabei mit Watte trocken getupft und mit Streupulver von Reismehl oder Bärlappsamen eingepudert. — Sobald das Kind naß liegt, wird es stets erst gewaschen und dann trocken gelegt. Die Windeln sind mit kochendem Wasser zu waschen. Werden trotz dieser Behandlung die wunden Hautstellen größer statt kleiner oder bilden sich Geschwüre, dann Arzt!

Der Milchschorf, (§ 510.)

eine Krusten= und Borkenbildung auf der Haut des Kopfes und der Wangen. Läßt er sich durch Reinlichkeit nicht beseitigen, dann Arzt!

Schälblasen.

Außer der infolge von Syphilis entstehenden Blasenbildung an (§ 511.) Handtellern und Fußsohlen (§ 85 Seite 23) kommt beim Kinde ein sehr ansteckender Blasenausschlag vor, der Handteller und Fußsohlen gewöhnlich nicht befällt. Die Blasen entstehen von den ersten Tagen nach der Geburt an bis in die dritte Woche hinein, sind hirsekorn= bis zehnpfennigstückgroß, haben zuerst einen wäßrig klaren, dann trüben, schließlich eitrigen Inhalt und können durch Zusammenfließen bis handtellergroß werden, so daß das Kind wie verbrüht aussieht. Schließlich platzen die von der Oberhaut gebildeten Blasen, so daß die rote, nässende Lederhaut freiliegt. In ein bis drei Wochen heilt der Ausschlag gewöhnlich ab, ohne Fieber verursacht zu haben. Doch kann er auch mit hohem Fieber einhergehen und tödlich enden Die Ansteckung erfolgt auch auf ältere Kinder und Erwachsene durch un= saubere Hände und Instrumente.

Behandlung: Arzt! Kreisarzt! Die Hebamme darf ihre Praxis weiter ausüben, muß aber nach jedem Besuch bei einem an Schälblasen erkrankten Kinde die Kleider wechseln und sich verschärft desinfizieren. Baden soll sie solche Kinder nicht. — Erlebt die Hebamme mehrere derartige Krankheitsfälle in ihrer Praxis, so unterläßt sie jede Hebammenarbeit und meldet sich beim Kreisarzt!

Die Schwämmchen.

(§ 512.) Durch die Ansiedlung eines Schimmelpilzes entstehen bisweilen kleine weiße Flecke mit rotem, entzündlichem Hof auf der Mundschleimheit, auf der Zunge, am Gaumen, an den Lippen, an der Innenseite der Wangen. Abwischen wie Milchreste kann man die Flecken nicht. Werden sie größer, so können sie zu einer großen weißen Haut zusammenfließen. Das Kind hat Schmerzen beim Saugen, trinkt deshalb schlecht und ist unruhig. Sind größere Partien der Schleimhaut befallen, so können ernstere Verdauungsstörungen eintreten.

Behandlung: Durch peinlichste Sauberkeit beim Trinken (Abwischen der Warze, Auswischen des Mundes § 259 Seite 82) ist der Erkrankung vorzubeugen. Insonderheit ist bei Flaschenkindern für große Reinlichkeit der Flaschen und Gummisauger zu sorgen (§ 266 Seite 85). Sind trotzdem Schwämmchen aufgetreten, so läßt sich nicht viel mehr tun wie ebenfalls Auswischen des Mundes vor und nach dem Anlegen mit Wasser und reinem Läppchen. Tritt nicht baldige Besserung ein, dann Arzt!

Verdauungsstörungen.

(§ 513—515.) 1. Das gewöhnliche Ausspeien der genossenen Milch (§ 259 Seite 82), das sich durch kürzere Trinkzeit leicht beseitigen läßt, ist nicht zu verwechseln mit dem Erbrechen sauerriechender Massen, das meist erst längere Zeit nach der Mahlzeit eintritt. Das Kind verzieht dabei schmerzhaft das Gesicht. Sehr leicht gesellt sich starker Durchfall dazu. Diese im heißen Sommer leider recht häufige Erkrankung ist äußerst lebensgefährlich. Man nennt sie Brechdurchfall.

Behandlung: Arzt!! Bis zu seinem Eintreffen bekommt das Kind nur Fenchel- oder Kamillentee.

2. Störungen der Stuhlentleerung. Bei leichter Verstopfung darf ein Klystier gegeben werden (§ 262 Seite 83), bei hartnäckiger Verstopfung Arzt! — Wird Kot in einer Windel allmählich grün, so hat das nichts zu bedeuten, wird er dagegen schon grün ausgeschieden oder sieht er grau aus, wie mit gehacktem Ei-

weiß vermischt, und stinkt er dabei, so liegt eine Verdauungsstörung vor. Behandlung: Arzt! Bisweilen wird nach völliger Entleerung des schwarzen Kindspeches der bereits gelb gewordene Stuhl wieder als schwarze Masse ausgeschieden; dabei erbricht das Kind ähnliche schwarze Massen. Dann hat es aus der verletzten mütterlichen Brustwarze Blut mit eingesogen, das durch die Verdauung schwarz wird. Dabei bleibt das Kind völlig gesund.

Behandlung: Die Hebamme entdeckt an einer der Brustwarzen eine Schrunde, hat damit die Ursache der Störung erkannt und setzt das Kind von der erkrankten Brust ab, worauf die Schrunde schnell heilt.

Ist eine solche Schrunde jedoch nicht zu finden, dann kann das verdaute Blut nur von dem Kinde selbst herrühren. Dann wird das Kind auch sehr bald verfallen und bleich aussehen. Behandlung Arzt!

Ganz allgemein ist über die Behandlung aller aufgeführten Krankheiten des Neugeborenen zu sagen, daß eines der besten Heilmittel die Muttermilch ist. Um so notwendiger ist daher das Selbststillen der Frauen. Hierdurch allein kann es gelingen, der großen Säuglingssterblichkeit in unserem Vaterlande zu steuern.

Die innere Wendung bei Querlagen.

Da in manchen Landstrichen nur wenig Ärzte wohnen, kann es vorkommen, daß die Hebamme zu einer Geburt bei Querlage nur sehr schwer oder gar nicht ärztliche Hilfe erreicht. Das querliegende Kind muß aber unbedingt in eine Längslage gewendet werden, sonst geht es mit der Mutter sicher zugrunde (§ 335 Seite 109). Folglich muß die Hebamme die Wendung selber ausführen. Das ist aber nur in denjenigen Kreisen erlaubt, die vom Herrn Minister der Medizinal=angelegenheiten ausdrücklich bezeichnet sind. In allen andern Kreisen Preußens ist den Hebammen die Ausführung der Wendung verboten.

Aber auch in den Kreisen, in denen die Hebamme die Wendung selber vornehmen darf, ist solche Erlaubnis nur unter folgenden zwei Bedingungen gegeben:

1. Die Hebamme muß nach gewissenhafter Überlegung und nach Anwendung aller Hilfsmittel zur Erreichung des Arztes (Telephon, Telegraph) die Überzeugung gewonnen haben, daß ein Arzt zur Leitung der Geburt sicher nicht zu bekommen ist.

2. Die Hebamme stellt bei der Untersuchung der Kreißenden fest, daß die Blase gesprungen und der Muttermund für die Hand durch=gängig ist, und gewinnt (wie bei der ersten Bedingung) die Über=zeugung, daß ein Arzt erst in zwei Stunden die Geburtsleitung übernehmen kann.

Nur wenn einer von diesen beiden Fällen vorliegt, führt die Hebamme die Wendung selber aus, und zwar ist es ihr dann nicht nur erlaubt, sondern sie ist sogar dazu verpflichtet. Der beste Zeit=punkt für die Ausführung dieser sogenannten inneren Wendung, bei der eine Hand in die Gebärmutter eingeht, einen Fuß des Kindes nach unten zieht und so das Kind in eine Fußlage wendet, ist dann gekommen, wenn bei noch stehender Blase der Muttermund vollständig erweitert ist; dann gelingt die Wendung nämlich am leichtesten. Vor=her ist die Wendung noch nicht möglich, weil der Muttermund für die eindringende Hand noch nicht weit genug ist; später ist sie nicht mehr möglich, weil nach dem Blasensprung die vorliegende Schulter fest in das Becken eingetrieben wird (verschleppte Querlage), so daß die Hand nicht mehr an ihr vorbei zu einem Fuße gelangen kann. Erfolgt der Blasensprung vor völliger Erweiterung des Muttermundes, dann wird sofort gewendet, sobald der Muttermund für die Hand durchgängig ist; die inzwischen etwa schon tiefer getretene Schulter wird sich dann meist noch abdrängen lassen.

Ausführung der Wendung bei Querlagen.

Die Frau wird auf das Querbett gelagert und katheterisiert. Die Geschlechtsteile werden gründlich abgeseift und mit Kresolseifenlösung abgerieben. Dann desinfiziert sich die Hebamme verschärft bis hinauf zur Mitte des Oberarmes. Liegen die Füße, wie am Schulterschluß zu erkennen ist (§ 339 Seite 110), rechts, so wird mit der linken Hand gewendet, liegen sie links, so wird die rechte Hand benutzt. Vor dem Eingehen in die Geschlechtsteile wird die betreffende Hand in Kresolseifenlösung getaucht, damit sie schlüpfrig wird. Dann werden die gestreckten Finger zusammengelegt, und während die andere Hand die Schamlippen auseinanderhält, in die Scheide eingeschoben. Hierauf drückt die äußere Hand von oben her die Füße der inneren Hand entgegen. Diese zerreißt die Blase, sollte sie noch stehen, dringt schnell bis zum Fruchtkörper nach der Seite der Füße zu vor, damit der Arm durch Abschluß des Muttermundes das Fruchtwasser in der Gebärmutterhöhle möglichst zurückhält, und ergreift mit Daumen und Zeigefinger den nächstliegenden, an der Ferse erkennbaren Fuß an den Knöcheln. Der Arm wird jetzt bis zum Ellbogen in den Geschlechtsteilen stecken. Nun wird am Fuß gezogen, bis das Knie in der Schamspalte sichtbar wird; denn erst dann steht der Kopf im Muttergrund und der Steiß im Becken, so daß die Wendung beendet ist. Der weitere Verlauf ist dergleiche wie bei einer unvollkommenen Fußlage. Nur wird die Lösung der Arme und des Kopfes schwieriger sein, da sie sich meist bei der Wendung in die Höhe schlagen (vgl. § 333 Seite 107).

Schwieriger ist die Wendung, wenn die Blase schon gesprungen und das Fruchtwasser abgeflossen ist. Dann muß die eindringende Hand sich vorsichtig neben der Schulter, die sanft bei Seite gedrückt wird, in die Höhe und am Fruchtkörper entlang zu den Füßen schieben und jede Gewalt vermeiden, sonst könnte die Gebärmutter zerreißen. Die äußere Hand unterstützt dann die Wendung, indem sie den Kopf nach oben drängt. Gelingt so die Wendung nicht, d. h.

kann die Hebamme den Fuß nicht bis zum Knie aus der Schamspalte herausziehen, dann wird der heruntergezogene Fuß mit einem Stück Nabelband angeschlungen und mit der äußeren Hand festgehalten, während die andere Hand nochmals eingeht und auch den zweiten Fuß herunterholt. Durch Zug an beiden Füßen gelingt die Umdrehung dann stets.

Sollte während der Wendung etwa eine Wehe auftreten, so wartet die Hebamme sie ruhig ab und läßt die innere Hand so lange liegen, wie sie liegt. Sollte ein Armvorfall bestehen, so berücksichtigt die Hebamme ihn nicht und geht neben dem Arm ein. Die etwa vorgefallene Nabelschnur kann von der eingehenden Hand mitgenommen werden, muß aber losgelassen werden, ehe die Hand den Fuß ergreift.

Die Ausführung der inneren Wendung hat die Hebamme dem Kreisarzt zu melden.

Dienstanweisung
für die Hebammen im Königreiche Preußen.

A. Allgemeiner Teil.

§ 1.
Pflicht zur Anmeldung beim Kreisarzt.

Die Hebamme hat sich vor Beginn ihrer Berufstätigkeit bei dem zuständigen Kreisarzt unter Vorlegung der erforderlichen Zeugnisse und der im § 194 des Lehrbuchs vorgeschriebenen Diensterfordernisse, Instrumente und Arzneimittel persönlich zu melden. Die gleiche Meldung hat die Hebamme zu erstatten, wenn sie ihren Wohnort verlegt oder nach mehr als zweijähriger Unterbrechung ihre Berufstätigkeit wieder aufnimmt.

§ 2.
Tagebuch.

Über ihre Berufstätigkeit hat die Hebamme ein Tagebuch nach dem beigegebenen Formular (Seite 376 ff.) zu führen, in welches die Eintragungen sofort nach beendeter Geburt zu machen sind.

Wurde bei einer Geburt oder während des Wochenbettes ein Arzt zugezogen, so hat die Hebamme diesem das Tagebuch zum Eintragen der geleisteten Kunsthilfe oder sonstigen Bemerkungen und seines Namens vorzulegen.

Am Schlusse des Jahres ist das Tagebuch von der Hebamme abzuschließen und ohne besondere Aufforderung bis zum 15. Januar des folgenden Jahres dem Kreisarzt einzureichen, dem es auch sonst jederzeit auf Verlangen vorzulegen ist.

§ 3.
Anzeige der Geburt.

(Reichsgesetz vom 6. Februar 1875 über die Beurkundung des Personenstandes und die Eheschließung. Reichsgesetzblatt 1875. S. 23 bzw. Gesetz vom 14. April 1905. Reichsgesetzblatt 1905. S. 251.)

Die Hebamme ist verpflichtet, jede uneheliche Geburt bei der sie zugegen war, innerhalb einer Woche dem Standesbeamten des Bezirkes, in welchem die Geburt stattgefunden hat, mündlich anzuzeigen; eine eheliche Geburt nur dann, wenn der zunächst zur Anzeige verpflichtete Vater verstorben, nicht zur Stelle oder an der Erstattung der Anzeige verhindert ist. Hat die Hebamme Zweifel über das Geschlecht des Kindes, so soll sie vor der Anzeige der Geburt für die Zuziehung eines Arztes Sorge tragen.

Ist das Kind totgeboren oder in der Geburt verstorben, so muß die Anzeige spätestens am nächsten Wochentage geschehen. Als totgeboren oder in der Geburt verstorben ist ein Kind anzusehen, wenn an ihm nach seinem Austritt aus dem Mutterleibe Herztöne nicht mehr wahrnehmbar sind.

Die Anzeige beim Standesbeamten unterbleibt bei denjenigen Totgeburten, welche vor der 28. Schwangerschaftswoche erfolgen oder bei denen die Länge der Frucht nicht mehr als 32 cm beträgt. In das Tagebuch der Hebamme müssen jedoch auch diese Totgeburten, mit einem entsprechenden Vermerke versehen, eingetragen werden.

§ 4.

Diensterfordernisse, Instrumente und Arzneimittel der Hebammen (§ 194 des Lehrbuchs). **Verbot des Kurierens.**

Die Hebamme muß die im § 194 des Lehrbuchs unter Nr. 1 bis 23 vorgeschriebenen Diensterfordernisse, Instrumente und Arzneimittel besitzen und bei jeder Entbindung in einer rein gehaltenen Tasche bei sich führen.

Die Hebamme suche zu erreichen, daß sich jede Gebärende ein gläsernes Mutterrohr und ein gläsernes Afterrohr selbst beschafft.

Die Geräte und Instrumente sind unmittelbar vor und nach jedem Gebrauche nach den Vorschriften des Lehrbuchs zu reinigen und zu desinfizieren. Unbrauchbar gewordene oder verloren gegangene Gerätschaften sind sofort, nötigenfalls durch Vermittlung des Kreisarztes, zu ersetzen. Von den Instrumenten und Arzneimitteln darf die Hebamme nur in den Fällen, welche im Lehrbuch angegeben sind, den vorgeschriebenen Gebrauch machen, sie darf dieselben aber nie zu anderen Zwecken verwenden.

Überhaupt hat sich die Hebamme der Anwendung innerer und äußerer Arzneimittel, abgesehen von den Fällen, in denen ihr die Anwendung im Lehrbuche bis zur Ankunft des Arztes gestattet ist, sowie jeder unbefugten Behandlung von Krankheiten, namentlich von Frauenkrankheiten, zu enthalten. Sie ist verpflichtet, vor den Heilversuchen unberufener Personen zu warnen und dem Gebrauche abergläubischer und schädlicher Mittel bei Schwangeren, Gebärenden, Entbundenen und Neugeborenen, zum Beispiel des Branntweins, der Brech- und Abführmittel, nach Kräften zu steuern.

§ 5.

Verhalten der Hebamme im allgemeinen sowie gegen Behörden und Beamte. Kenntnis der bestehenden Bestimmungen. Nachprüfung und Fortbildungskursus.

Die Hebamme soll einen ehrbaren, nüchternen Lebenswandel führen und ihre Berufspflichten stets gewissenhaft erfüllen. Den zuständigen Beamten und Behörden, besonders dem Kreisarzte, ist die Hebamme Gehorsam und Achtung schuldig.

Belehrungen, Zurechtweisungen und Anordnungen, welche sie von dem Kreisarzte erhält, hat sie willig anzunehmen und zu befolgen. Beschwerden, welche sich auf die Ausübung ihres Dienstes beziehen, hat sie bei dem Kreisarzte in geziemender Weise anzubringen.

Mit allen Gesetzen, Verordnungen und Vorschriften, die sich auf ihren Beruf und Wirkungskreis beziehen, soll sich die Hebamme fortlaufend vertraut halten. Auch hat sie sich den Nachprüfungen und außerordentlichen Revisionen des Kreisarztes oder eines anderen von der Behörde damit beauftragten Arztes willig zu unterziehen. Ist sie durch dringende Berufsarbeit, Krankheit oder andere zwingende Ursachen verhindert, an der Nachprüfung teilzunehmen, so hat sie sich rechtzeitig unter Einsendung einer Bescheinigung des Gemeindevorstehers oder des behandelnden Arztes bei dem Kreisarzte oder dem beauftragten Arzte zu entschuldigen.

Wird sie zu einem Fortbildungskursus einberufen, so hat sie an demselben teilzunehmen.

§ 6.
Verhalten gegen Ärzte.

Den zugezogenen Ärzten soll die Hebamme mit gebührender Achtung und Bescheidenheit gegenübertreten, sowie über ihre Wahrnehmungen im Berufe gewissenhaft und ausführlich Auskunft erteilen. Den ärztlichen Anordnungen muß sie pünktlich Folge leisten und auch bei den Pflegebefohlenen und deren Angehörigen Geltung zu verschaffen suchen.

Niemals darf sie für die Zuziehung eines bestimmten Arztes werben oder von der Zuziehung eines solchen abraten.

§ 7.
Verhalten gegen Berufsgenossinnen.

Die Hebamme soll anderen Hebammen mit Achtung und Anstand begegnen, sie nicht durch unwürdige und unlautere Mittel, besonders Unterbietung, aus dem Vertrauen der Kundschaft verdrängen, vielmehr im Bedarfsfalle beruflich unterstützen. Hat eine Hebamme aushilfsweise Dienstverrichtungen für eine andere übernommen, so ist sie verpflichtet, falls die Pflegebefohlene nichts anderes bestimmt, derjenigen Hebamme, die sie vertreten hat, die Behandlung wieder zu überlassen, sobald der Grund der Verhinderung aufhört.

§ 8.
Verbot marktschreierischer oder unlauterer Reklame.

Der Hebamme ist es streng untersagt, durch wiederholte öffentliche Anzeigen, Veröffentlichung von Danksagungen, durch Anerbietung von Rat und Hilfe in diskreten Fällen oder durch ähnliche Bekanntmachungen standesunwürdige Reklame zu machen.

§ 9.
Pflicht zur Hilfeleistung.

Die Hebamme soll allen Schwangeren, Kreißenden, Wöchnerinnen und Neugeborenen, für welche ihr Beistand gefordert wird, ohne Unterschied des Standes und Vermögens bei Tag und Nacht ungesäumt Beistand leisten, sofern sie ohne eigene Gefahr oder ohne Verletzung anderer dringender Berufspflichten dazu in der Lage ist.

Wird die Hebamme von verschiedenen Seiten für dieselbe Zeit berufen, so hat sie im allgemeinen die Aufträge nach der Reihenfolge ihres Einganges zu erledigen. Liegt aber an einer Stelle ein besonders dringender Fall vor, so hat sie sich zuerst dorthin zu wenden. Diejenigen, denen sie nicht zu Diensten sein kann, hat sie an andere Hebammen zu verweisen. Hat die Geburt bei der Ankunft der Hebamme noch nicht begonnen, so ist diese, falls sie wieder weggehen sollte, verpflichtet, von Zeit zu Zeit nach der Gebärenden zu sehen und diese davon in Kenntnis zu setzen,

wenn sie durch unaufschiebbare Zwischengeschäfte von den Besuchen abgehalten sein
sollte. Hat die Geburt begonnen, so darf die Hebamme die Gebärende ohne deren
Einwilligung nicht vor Vollendung der Geburt und erst dann verlassen, wenn dies
ohne Gefahr für Mutter und Kind geschehen kann, selbst wenn sie dringend zu einem
anderen Dienste gerufen wird, es sei denn, daß eine andere Hebamme die Stelle der
Abgerufenen vertreten kann.

§ 10.
Entbindung in der Wohnung der Hebamme.

Wünscht eine Schwangere in der Wohnung der Hebamme entbunden zu
werden, so hat diese dem Kreisarzte Anzeige zu erstatten. Zur Errichtung einer
Entbindungsanstalt bedarf die Hebamme der Konzession des Bezirksausschusses.

§ 11.
Stete Bereitschaft und Erhaltung der Berufstüchtigkeit.

Um zur Ausübung der Berufstätigkeit immer bereit und tüchtig zu sein,
soll die Hebamme

a) stets reinlich an ihrem Körper und ihrer Kleidung sein, besonders die
Hände immer möglichst rein halten und die Nägel an den Fingern ge=
hörig beschneiden;

b) keine Arbeit verrichten, durch welche ihr Körper, besonders die Hände für
den Hebammenberuf weniger geeignet oder unbrauchbar werden;

c) keine Pflegedienste bei Kranken übernehmen, die ihrer Hebammenhilfe nicht
bedürfen, und Kranke, die an ansteckenden Krankheiten leiden, überhaupt
nicht besuchen (s. § 474 des Lehrbuchs);

d) die Diensterfordernisse, Instrumente und Arzneimittel (§ 194 des Lehrbuchs)
jederzeit sauber und zweckmäßig zusammengestellt zum sofortigen Gebrauch
bereit halten;

e) sich andauernd im Besitze der für ihren Beruf erforderlichen Kenntnisse und
Fertigkeiten halten;

f) sich nie von ihrer Wohnung entfernen, ohne bestimmte Nachricht zu hinter=
lassen, wo sie zu finden ist. Beabsichtigt die Hebamme, außer ihren
Berufsreisen sich auf länger als 24 Stunden von ihrem Wohnorte zu ent=
fernen, so muß sie dies dem Gemeindevorsteher anzeigen.

§ 12.
Verhalten der Hebamme gegen Schwangere, Gebärende, Wöchnerinnen und Neugeborene.

Gegen Schwangere, Gebärende und Wöchnerinnen soll die Hebamme ohne
Unterschied sorgfältig, sanftmütig und dienstfertig sein, die Furchtsamen beruhigen
und die Ungeduldigen bei langsam fortschreitender Geburt durch freundlichen Zuspruch
trösten. Gefährliche Zufälle sind der Gebärenden möglichst zu verschweigen, aber
den Angehörigen sofort mitzuteilen. Dies trifft auch zu bei Tod oder Mißgestaltung
des Kindes.

Auch dem neugeborenen Kinde muß die Hebamme große Aufmerksamkeit und
Sorgfalt widmen, selbst dann, wenn das Kind scheintot, zu schwach oder mit
irgend einer Mißbildung zur Welt gekommen ist.

§ 13.
Verhalten beim Tode einer Schwangeren, Gebärenden oder Wöchnerin.

Hat die Hebamme Grund zu vermuten, daß eine Schwangere in den letzten Monaten ihrer Schwangerschaft, oder eine Gebärende noch vor erfolgter Entbindung sterben werde, so hat sie es dem Kreisarzte oder dem nächsten Arzte rechtzeitig anzuzeigen, damit dieser Anstalt treffe, sofort nach erfolgtem Tode der Mutter womöglich noch das Kind zu retten. Ist aber dem Anscheine nach der Tod unerwartet schon eingetreten, so hat sie darauf zu bringen, daß der nächste Arzt sogleich gerufen werde, und bis zu dessen Ankunft Wiederbelebungsversuche nach den Vorschriften des Lehrbuchs anzustellen.

Von jedem Todesfall einer Schwangeren, Gebärenden oder Wöchnerin in ihrer Praxis hat die Hebamme dem Kreisarzte ungesäumt Anzeige zu erstatten.

§ 14.
Pflicht zur Verschwiegenheit.

Die Hebamme soll über alles, was ihr in ihrem Berufe anvertraut wird, oder was sie sonst im Hause der Pflegebefohlenen sieht oder hört, auch über körperliche Fehler, geheime Gebrechen, häusliche Verhältnisse usw. strengstes Stillschweigen bewahren, abgesehen von dem, was dem Arzte oder der Behörde pflichtgemäß mitzuteilen ist (s §§ 6, 15 und 16).

§ 15.
Anzeige von Vergehen oder Verbrechen.

Macht die Hebamme Beobachtungen, welche die Verheimlichung einer Schwangerschaft oder Niederkunft, die Abtreibung oder Tötung der Leibesfrucht einer Schwangeren, die Unterschiebung, Verwechselung oder Aussetzung eines Kindes, die Verübung eines Kindsmordes oder sonst ein Vergehen gegen das Leben oder die Gesundheit der Mutter oder des Kindes vermuten lassen, so hat sie hiervon unverzüglich der Ortspolizeibehörde Anzeige zu erstatten.

Sie darf jedoch der betreffenden Person ihren Beistand nicht verweigern.

§ 16
Verhalten bei behördlichen und gerichtlichen Untersuchungen.

Wird die Hebamme von einer Gerichts- oder sonstigen Behörde aufgefordert, den körperlichen Zustand einer für schwanger Gehaltenen oder sich dafür Ausgebenden festzustellen oder zu ermitteln, ob eine Frauensperson geboren habe, oder andere in ihren Beruf einschlagende Fragen zu beantworten, so hat sie dasjenige, was sie bei sorgfältiger Untersuchung gefunden hat, der Wahrheit gemäß und nach bestem Wissen anzugeben.

B. Besonderer Teil.
Die besonderen Berufspflichten der Hebamme.

§ 17.
Die Hebamme soll bei Ausübung ihrer Berufstätigkeit die in dem Lehrbuche enthaltenen Regeln und Vorschriften, sowie die jene abändernden und ergänzenden

Bestimmungen gewissenhaft befolgen. Es ist ihr streng untersagt, die Grenzen der ihr durch das Lehrbuch zugewiesenen Hilfeleistung zu überschreiten.

Im einzelnen hat sie namentlich folgendes sorgfältig zu beachten:

§ 18.

Sie muß bei Ausübung ihres Berufes bei den Geburten stets und möglichst auch bei den Wochenbettsbesuchen waschbare Kleider tragen, deren Ärmel so einge=richtet sind, daß die Arme bis zur Mitte der Oberarme hinauf unbedeckt gehalten werden können.

Während der Dienstleistung bei Gebärenden und Wöchnerinnen hat sie über dem Kleide eine waschbare, reine, weiße Schürze anzulegen, welche vom Hals an den ganzen Körper und die Oberarme bedecken muß.

§ 19.

Bevor sich die Hebamme zu einer Schwangeren, Gebärenden oder Wöchnerin begibt, hat sie ihre Hände zu reinigen, d. h. den Schmutz unter den Fingernägeln zu entfernen und die Hände und Vorderarme mit Seife und Bürste gründlich zu waschen.

§ 20.

Die Pflege der Reinlichkeit an ihrem Körper und ihrer Kleidung ist eine der wichtigsten Pflichten der Hebamme. Ohne Beobachtung der größten Reinlichkeit kann sie nicht erfolgreich tätig sein, sondern wird Schaden stiften.

Die wertvollsten Werkzeuge der Hebamme sind ihre Hände. Sie sind sorg=fältig zu pflegen und immer rein zu halten, besonders auch die Gegend der Nägel. Die Nägel müssen kurz geschnitten sein. Nur eine gut gepflegte Hand ist gut zu desinfizieren. Siehe § 113 des Lehrbuchs.

Die Hände hat die Hebamme stets zu waschen, ehe sie ihre Schutzbefohlenen berührt. Unmittelbar vor jeder inneren Untersuchung unter der Geburt ist die verschärfte Desinfektion der Hände vorzunehmen. Diese Des=infektion besteht 1. in dem Waschen der Hände und Unterarme mit warmem Wasser, Seife und Bürste 5 Minuten lang, mit folgender Reinigung der Nägel; 2. in dem Abreiben der Hände mit Alkohol durch 2 Minuten; 3. in dem Abbürsten der Hände und Abwaschen der Unterarme mit einer Sublimatlösung 1 auf 1000, 3 Minuten lang, s. § 113 Nr. 4. Die gewöhnliche Desinfektion besteht in der vor=geschriebenen Waschung und Desinfektion mit Sublimat. Sie ist bei Untersuchungen in der Schwangerschaft und bei den Wochenbettsbesuchen anzuwenden. Seife und Sublimat dürfen niemals zusammengebracht werden, weil die Seife das Sublimat unwirksam macht, s. § 113 Nr. 6. Die Untersuchung wird mit der nassen, von Sublimatlösung noch triefenden Hand vorgenommen, ohne daß die Hand irgend einen Gegenstand vorher berührt.

§ 21.

Alle Orte und Gegenstände, welche die gefährlichen Wundspalt=pilze enthalten, hat die Hebamme zu meiden. Besonders zu verhüten ist die Berührung mit Leichen, Kleidern von Leichen, allen faulenden Gegenständen, kranken, eiternden Wunden, übelriechenden Ausflüssen, wie sie im Wochenbett und auch bei krebskranken Frauen vorkommen, insbesondere aber mit Wöchnerinnen, die an Kindbettfieber oder Kindbettfieberverdacht erkrankt sind. Es ist der Hebamme streng untersagt, die Unterlagen im Wochenbett oder sonstige Wäsche der Wöchnerin oder des Kindes selbst zu waschen.

Ist aber die Hebamme doch trotz aller Vorsicht mit solchen Gegenständen in Berührung gekommen, so desinfiziere sie unmittelbar nach der Berührung ihre Hände mit Alkohol und Sublimat (verschärfte Desinfektion).

§ 22.

Die innere Untersuchung ist so selten wie irgend möglich vorzunehmen. Dagegen soll die Hebamme die äußere Untersuchung unter der Geburt häufig ausüben; denn auch sie gibt wertvolle Aufschlüsse und ist ungefährlich. Bei einer Wöchnerin darf die Hebamme nie die innere Untersuchung vornehmen.

§ 23.

Zur Geburt begibt sich die Hebamme mit der vorschriftsmäßigen Tasche. Ihre Diensterfordernisse, Instrumente und Arzneimittel müssen sauber und im gebrauchsfähigen Zustand sein.

§ 24.

Alle regelmäßigen Vorgänge bei Schwangeren, Gebärenden, Wöchnerinnen und neugeborenen Kindern leitet die Hebamme selbst. Sollte ihre Schutzbefohlene oder deren Angehörige einen Arzt wünschen, so hat sich die Hebamme diesem Wunsch zu fügen.

Alle regelwidrigen Vorgänge bei Schwangeren, Geburten, im Wochenbett und bei neugeborenen Kindern behandelt der Arzt. Es ist die Aufgabe der Hebamme, diese Regelwidrigkeiten rechtzeitig zu erkennen und rechtzeitig einen Arzt zu benachrichtigen. Die Benachrichtigung während der Geburt muß eine schriftliche sein, doch kann sie auch telephonisch oder telegraphisch geschehen.

Übernimmt der Arzt die Behandlung, so ist die Hebamme seine Gehilfin.

§ 25.

Bei regelmäßiger Schwangerschaft hat sie ihrer Schutzbefohlenen die Befolgung der für Schwangere wichtigen Lebensregeln anzuraten.

Bei der regelmäßigen Geburt ist ihre Hauptaufgabe, Keime von den verwundeten Geburtsteilen fern zu halten. Sie muß die Herztöne des Kindes sorgfältig überwachen, ebenso das Befinden der Gebärenden, sie muß den Damm schützen, die Abnabelung wie vorgeschrieben, ausführen, in der Nachgeburtszeit auf Blutungen achten und bei einem scheintoten Kinde Wiederbelebungsversuche machen.

Die Hebamme hat die Wöchnerin und das neugeborene Kind, wenn irgend möglich, zehn Tage lang täglich, und zwar in den ersten acht Tagen, wenn möglich, zweimal am Tage, zu besuchen. Wie lange diese Besuche dann noch fortzusetzen sind, hängt von dem Befinden und dem Wunsche der Wöchnerin ab.

Im regelmäßigen Wochenbett sorgt sie für Ruhe und für Reinhalten der Wöchnerin. Sie besorgt das Kind immer vor der Mutter. Das Wochenbett wird durch tägliche Messungen mit dem Thermometer beobachtet. Die Temperaturen sind auf einem Zettel zu vermerken und später in das Tagebuch einzutragen.

Die Hebamme hat stets auf das Selbststillen der Wöchnerin zu bringen, wenn nicht Krankheiten der Wöchnerin es verbieten (s. § 248).

§ 26.

Die regelwidrigen Vorgänge in der Schwangerschaft, unter der Geburt und im Wochenbett sowie bei den Neugeborenen sind in dem Lehrbuch ausführlich geschildert. Die Hebamme weiß also, in welchen Fällen sie einen Arzt zu benachrichtigen hat. Die wichtigsten Fälle, wo die ärztliche Hilfe besonders dringlich ist, seien hier noch einmal genannt.

Unstillbares Erbrechen in der Schwangerschaft, ein Bruch, der sich nicht zurückbringen läßt, Entzündung von Kindsadern und Platzen eines Blutaderknotens, allgemeine Erkrankung der Schwangeren mit oder ohne Fieber, Syphilis und Tripper oder der Verdacht auf eine dieser Krankheiten, Harnverhaltung in den ersten Monaten der Schwangerschaft, Rückwärtsbeugung der schwangeren Gebärmutter, jede Fehlgeburt mit Blutung, insbesondere bei der Blasenmole, Verdacht auf Schwangerschaft außerhalb der Gebärmutter, drohender Tod der Mutter — das sind die wichtigsten Regelwidrigkeiten in der Schwangerschaft, für welche die Vorschrift besteht, einen Arzt zu benachrichtigen.

§ 27.

Unter der Geburt erfordern die regelwidrigen Lagen, Stellungen und Haltungen der Frucht die Leitung der Geburt durch einen Arzt. Nur die Vorderhauptlagen darf die Hebamme allein leiten, wenn sonst keine Regelwidrigkeiten bei ihnen vorliegen.

Stets, wenn der Arzt gerufen wird, bereite die Hebamme alles sorgfältig für ihn vor, damit er, wenn nötig, ohne Säumen handeln kann; insbesondere denke sie bei Beckenendlagen an das Querbett und an die Wiederbelebung des Kindes.

Für Schädellagen gilt die Vorschrift: Wenn in der Austreibungszeit nach Ablauf von zwei Stunden ein Fortschritt der Geburt nicht zu bemerken ist, so ist die Herbeirufung eines Arztes zu verlangen, es sei denn, daß der Zustand der Mutter oder das Sinken der Herztöne in der Wehenpause oder andere Ereignisse seine Herbeirufung schon früher notwendig machten.

Bei Erkenntnis oder dem Verdacht auf enges Becken, bei Geschwülsten oder Verengungen des weichen Geburtskanals, bei mehrfacher Schwangerschaft, bei Mißbildungen des Kindes, insbesondere dem gefährlichen Wasserkopf, bei Eklampsie, beim Absterben und besonders bei Fäulnis der Frucht und ihrer Anhänge ist stets ärztliche Hilfe notwendig.

Leidet die Gebärende an ansteckendem Schleimfluß und ist der gerufene Arzt bei der Geburt des Kindes noch nicht zugegen, so hat die Hebamme die Einträufelung mit 1 proz. Höllensteinlösung in die Augen des Kindes auszuführen (s. § 380 und 503). Bei Syphilis an den äußeren Geschlechtsteilen der Frau vermeidet sie möglichst die innere Untersuchung und übergibt die Geburt einem Arzt. Bei jedem Dammriß, der die Mitte des Dammes erreicht oder überschreitet, ist ein Arzt zu benachrichtigen.

Bei allen Blutungen unter der Geburt ist schleunigst ein Arzt zu erbitten. Bis er kommt, muß die Hebamme die Blutung zu stillen suchen und den Zustand der Frau überwachen. Die gefährlichste Blutung ist die Blutung bei vorliegender Nachgeburt. Beim Ausstopfen der Scheide sei die Hebamme in diesem Fall ganz besonders sauber und sorgfältig.

Ein Zustopfen der Scheide bei Nachgeburtsblutungen ist ein Kunstfehler, der nicht entschuldigt werden kann.

§ 28.

Im Wochenbett hat die Hebamme auf die Hinzuziehung eines Arztes zu bringen:

1. wenn die Temperatur über 38° steigt,
2. bei jedem Schüttelfrost der Wöchnerin,
3. wenn die Zahl der Pulsschläge sehr in die Höhe, z. B. auf 120, geht, und eine auffallend niedrige Temperatur besonders am Abend vorhanden ist, z. B. 36° oder 35,5°, was auf bestehende Herzschwäche hindeutet,
4. sobald ein Geschwür an den äußeren Geschlechtsteilen, das sich oft hinter einer Anschwellung der Teile verbirgt, entdeckt wird, selbst wenn noch kein Fieber bestehen sollte.

Der Kreisarzt ist zu benachrichtigen bei jedem Fieber im Wochenbett von mehr als 38°. Die Hebamme hat sich bis zum Eintreffen einer mündlichen oder schriftlichen Belehrung des Kreisarztes jeder Tätigkeit als Hebamme bei einer anderen Person zu enthalten. Falls ein Arzt hinzuzogen, so meldet sie den Namen desselben gleichzeitig dem Kreisarzt. Der Kreisarzt entscheidet, ob sie die erkrankte Wöchnerin weiter pflegen darf.

Den Tod einer Wöchnerin hat die Hebamme sofort dem Kreisarzt persönlich oder schriftlich zu melden.

Liegt Kindbettfieber vor, so tritt der § 8, Abf. 1. Ziffer 3, Abf. 3 des Gesetzes, betreffend die Bekämpfung übertragbarer Krankheiten (Landesseuchengesetz) in Geltung: „Hebammen, welche bei einer an Kindbettfieber Erkrankten während der Entbindung oder im Wochenbett tätig sind, ist während der Dauer der Beschäftigung bei der Erkrankten und innerhalb einer Frist von 8 Tagen nach Beendigung derselben jede anderweitige Tätigkeit als Hebamme oder Wochenpflegerin untersagt. Auch nach Ablauf der achttägigen Frist ist eine Wiederaufnahme der Tätigkeit nur nach gründlicher Reinigung und Desinfektion ihres Körpers, ihrer Wäsche, Kleidung und Instrumente nach Anweisung des beamteten Arztes gestattet. Die Wiederaufnahme der Berufstätigkeit vor Ablauf dieser achttägigen Frist ist jedoch zulässig, wenn der beamtete Arzt dies für unbedenklich erklärt.“

Eine Hebamme, die gegen diese Vorschriften verstößt, ladet eine besonders schwere Verantwortung und hohe Strafe auf sich.

§ 29.

Hat die Hebamme irgendwelche verdächtigen Stoffe angefaßt, z. B. den Ausfluß einer fiebernden Wöchnerin, so hat sie stets und sofort die verschärfte Desinfektion (s. § 20) auszuführen, auch schon vor Ankunft des Kreisarztes.

Besitzt die Hebamme an ihren eigenen Händen eiternde Wunden oder Blutgeschwüre, so darf sie keine Geburt übernehmen.

§ 29a.

Notfälle. Hat die Hebamme in ihrer Praxis eine Wöchnerin mit Kindbettfieber oder Kindbettfieberverdacht, und kommt jetzt eine Meldung zur Geburt, und kann eine andere Hebamme sie nicht vertreten, so besteht ein Notfall. Sie desinfiziert ihre Hände mehrfach mit Alkohol und Sublimat, nimmt ein Bad, wechselt die Kleider, desinfiziert ihre Instrumente und begnügt sich mit der äußeren Untersuchung der Gebärenden. Zum Dammschutz und zur Reinigung der Geschlechtsteile zieht sie ihren Gummihandschuh über die Hand, welche die Geschlechtsteile berührt. Glaubt sie, mit der äußeren Untersuchung nicht auszukommen, so bittet sie einen Arzt zur Leitung der Geburt.

§ 30.

Heftige Nachwehen mit reichlichem blutigem Ausfluß, plötzliches Aufhören des Wochenflusses, Blutungen im Wochenbett, andauernder übler Geruch des Wochenflusses, Blasenkatarrh, unwillkürlicher Abgang von Harn oder Kot, Anschwellung eines Beines gebieten gleichfalls ärztliche Behandlung.

Schrunden an den Brustwarzen, deren Heilung zögert, eine Brustdrüsenentzündung erheischen die Behandlung durch den Arzt.

§ 31.

Die meisten der aufgeführten Erkrankungen der Neugeborenen erfordern ärztliche Behandlung sogleich. Insbesondere sei die Hebamme an ihre große Verantwortlichkeit gemahnt bei der Augenentzündung der Neugeborenen Ein Arzt ist sofort zu benachrichtigen. Kalte Umschläge und Auswaschungen des Auges sind bis zu seiner Ankunft zu machen. Dagegen kann sie beim Wundsein der Haut, beim Milchschorf, bei den Schwämmchen zuerst die im Buch erlaubten Mittel anwenden. Helfen sie nicht, so erbittet sie einen Arzt.

§ 32.

Folgende Eingriffe ist die Hebamme berechtigt und verpflichtet, unter den im Lehrbuch dargelegten Umständen in der Praxis anzuwenden: Die Entwickelung des Kindes an den Schultern bei Kopflagen, die Lösung der Arme und des Kopfes bei Beckenendlagen, die Nachgeburtslösung.

§ 33.

Medikamente zu verabfolgen, ist der Hebamme nicht gestattet. Erlaubt ist ein Löffel Rizinusöl im Wochenbett; Hoffmannstropfen sind bei Ohnmachten und großen Blutverlusten anzuwenden. Auch ist es nicht verboten, bei den neugeborenen Kindern Streupulver zu gebrauchen, um dem Wundwerden vorzubeugen.

§ 34.

Anzeige an den Kreisarzt muß die Hebamme erstatten:

Beim Tode einer Schwangeren, Gebärenden oder Wöchnerin.

Bei jedem Fall von Fieber im Wochenbett, wenn die Temperatur über 38° steigt, bei Wundrose und Wundstarrkrampf, sei die Mutter oder das Kind erkrankt.

Bei jedem Fall von Augenentzündung der Neugeborenen.

Bei jedem Fall von Schälblasen der Neugeborenen

Bei jedem Fall von Nabelentzündung.

Bei Erkrankungen an Cholera, Diphtherie, Kindbettfieber, Pocken, Ruhr, Scharlach, Typhus, Wundrose und Wundstarrkrampf in dem Hause der Hebamme selbst oder in dem Hause, in welchem die Hebamme eine Gebärende oder Wöchnerin zu besorgen hat.

Bei Erkrankungen der Hebamme an Geschwüren an den Händen, an der Brust oder an übelriechenden Ausflüssen oder anderen Eiterungen am Körper und bei Verdacht auf Syphilis.

Wenn die Hebamme eine an Krebs der Gebärmutter oder der Scheide oder der äußeren Geschlechtsteile erkrankte Schwangere oder Gebärende untersucht hat.

Wenn die Angehörigen den Arzt bei Verdacht auf Kindbettfieber oder bei Kindbettfieber verweigern.

Wenn eine Schwangere in der Wohnung der Hebamme entbunden zu werden wünscht.

Wenn sie eine Nachgeburtslösung ausführen mußte[1]).

Hebammeneid.

„Ich schwöre bei Gott, dem Allmächtigen und Allwissenden, daß ich nach bestem Wissen und Vermögen die Hebammenkunst nach den Vorschriften des Lehrbuchs und der Dienstanweisung ausüben, Armen und Reichen mit gleicher Bereitwilligkeit helfen und mich stets so verhalten und leben will, wie es einer treuen und gewissen-haften Hebamme geziemt und wohl ansteht. So wahr mir Gott helfe.“

(Der Schwörenden bleibt es überlassen, den vorstehenden Eidesworten die ihrem religiösen Bekenntnis entsprechende Bekräftigungsformel anzufügen.)

---

[1]) Die innere Wendung auf die Füße ist die Hebamme nur in denjenigen Kreisen berechtigt und verpflichtet vorzunehmen, wo dies durch den Herrn Minister ausdrücklich vorgeschrieben ist. Hat die Hebamme die innere Wendung auf die Füße vorgenommen, so muß sie schleunigst dem Kreisarzt Anzeige erstatten.